职业教育餐饮类专业教材系列

亚洲菜制作技术

（修订版）

张 浩 主编

科学出版社

北京

内 容 简 介

本书主要介绍了亚洲的各个地区和国家的特色菜肴，包括日本料理、韩国料理、印度菜、泰国菜、越南菜、印尼菜等。为方便教学和从业人员了解和掌握菜肴的具体制作技术，本书采用先从原材料的认识，再到菜肴的制作、烹调过程等分步学习的方式，对每个部分都有详细的说明、讲解。特别是采用大量的图片来提高教学的水平和满足学生学习的目的，内容丰富，操作性强，是一本指导亚洲菜制作的专业教科书。

本书既可作为高职高专餐旅管理与服务类专业的教材，也可作为西餐专业人员和西餐爱好者的参考书。

图书在版编目 (CIP) 数据

亚洲菜制作技术/张浩主编.—北京：科学出版社，2011
（职业教育餐饮类专业教材系列）
ISBN 978-7-03-031921-0

Ⅰ.①亚… Ⅱ.①张… Ⅲ.①菜谱-亚洲-高等职业教育-教材 Ⅳ.①TS972.183

中国版本图书馆CIP数据核字（2011）第149490号

责任编辑：沈力匀 / 责任校对：耿 耘
责任印制：吕春珉 / 封面设计：东方人华平面设计部

科 学 出 版 社 出版
北京东黄城根北街 16 号
邮政编码：100717
http://www.sciencep.com

三河市骏杰印刷有限公司印刷
科学出版社发行　　　各地新华书店经销
*

2011年8月第 一 版　　　开本：787×1092 1/16
2020年7月修 订 版　　　印张：10 3/4
2023年2月第六次印刷　　　字数：255 000

定价：59.00元
（如有印装质量问题，我社负责调换〈骏杰〉）
销售部电话 010-62134988　编辑部电话 010-62135235 (VP04)

随着我国改革开放的进一步深化和发展，我国人民的生活水平也不断提高，特别是近年来西餐作为中国餐饮行业的一员不断的变化和发展壮大。为适应不断变化和发展的餐饮行业对专业技术的掌握以及满足全国高职、高专院校的烹饪专业教学需求，我们在西餐工艺专业的科目下开设了"外国菜知识"这门课程。近年来根据餐饮行业市场的需求把这门课程更改为"亚洲菜制作技术"，主要是为满足不断变化的餐饮市场的需求和行业技术需要，细化课程的知识面，提高课程设置中对技术、技能的培训。

"外国菜知识"即"亚洲菜制作技术"的概念最早提出大约是在2004年，当时许多优秀餐饮企业中的从业人员就把西餐中非主流的西餐菜肴称之为亚洲菜，而以欧洲主要国家构成的菜肴体系中的主流称之为西餐。欧美国家的主流西餐由于其口味和中国人的口味差别太大，是很多中国人不太接受西餐的主要原因。这时候西餐的非主流体系中的日本料理、韩国料理、印度菜等菜品却因为符合东方人的饮食文化习惯而备受推广，因此在我国餐饮行业中发展良好。

本书在编写初期是根据学校教学需求为目的的，后来为满足我国大型餐饮企业、星级酒店管理需求，不断地完善修改。本书在编写中得到四川烹饪高等专科学校食品科学系以及行业中的专业技术人才和高等级酒店餐饮部的技术指导和帮助。特此向四川烹饪高等专科学校、广州建国饭店餐饮部、四川岷山饭店餐饮部等单位表示感谢！

本书的作者均长期从事西餐专业和教学工作，有丰富的餐饮行业经营管理实践经验和高等院校专业教学经验。大多有出访或留学到法国、美国、意大利、日本等酒店、餐厅、学校的经历，均具备良好的管理技术、经营企业的能力和较高的教学水平。主编张浩老师系四川烹饪高等专科学校西餐专业骨干教师，有着20多年的西餐行业实际工作经验和多年的教学经验与教材编写经历，并且有四年美国留学工作经历。

本书采用图文并茂的编写方法，特别注重实际技能培训和基础知识的结合，并提高了本书的实际运用的范围，既能满足高职、高专的西餐烹饪教学，也能辅助中餐烹饪教学特色的建立，还可作为西餐行业的专业技能培训教材。

PREFACE

　　本书由四川烹饪高等专科学校张浩担任主编，李晓担任副主编。编写分工如下：第一章、第二章、第三章由张浩编写；第四章、第五章由李晓编写；第六章、第七章由张振宇、张浩编写。全书由张浩总纂、统稿。此书在编写过程中得到广州建国饭店的日餐厨师长谢建宇、四川岷山饭店行政总厨曾宁的大力支持，在此对他们表示感谢。

　　由于编写时间和作者水平的关系，如有不足之处请读者批评指正。

CONTENTS

目 录

CONTENTS

CONTENTS

CONTENTS

第一章

绪 论

一、亚洲菜制作技术的概念

在西餐工艺学习中，我们通常把主要由欧美国家菜肴构成的菜系叫做西餐，而把其他国家和地区的特色风味菜肴体系划到亚洲菜制作技术这门课程中。

亚洲菜制作技术目前主要是讲授亚洲地区的一些特色和风味菜肴，包括日本料理、韩国料理、泰国菜、印度菜、马来西亚菜、越南菜等，是目前餐饮行业发展趋势变化的反映。

在今后，我们还要根据西餐在中国的发展趋势来适当地增加其他国家和地区的特色菜肴，以丰富亚洲菜制作技术的课程内容。

二、亚洲菜制作技术课程研究的内容

亚洲菜制作技术这门课程，目前根据西餐在中国的现状，定位在西餐中的亚洲菜部分，主要包括日本料理、韩国料理、泰国菜、印度菜、马来西亚菜、越南菜等菜肴。它还可以是非洲国家菜肴或南美洲国家和地区的菜肴等。

通过教学，学生在学习亚洲菜制作的理论和实际制作的基础上，全面了解亚洲菜的菜肴特点和制作技巧以及口味特点等，了解在亚洲各地区人们的生活习性和菜肴的装盘风格、亚洲各地区的物产和调味品。通过教学，学生能掌握更多不同的烹调方法和烹调刀工，以及在通常情况下对油温的控制、对厨房设备和卫生的管理、菜肴成本的核算、培养良好的厨师职业道德等内容。

亚洲菜制作技术课程还是对西餐制作技术中的东南亚菜肴制作的补充和了解。由于西餐在我国的逐步发展和不断地推广，我国目前西餐发展趋势从最开始的简单模仿港式西餐，到后来精细制作的法式菜肴，逐步出现向个性化、风格化菜肴发展，其中亚洲许多国家和地区的菜肴凭借其独特的烹调风格和大众化的口味以及和中国的历史文化渊源关系，成为近年来在中国最受欢迎的西餐菜肴。

三、亚洲菜制作技术历史和发展状况

亚洲菜制作技术的概念最早提出大约是在 2004 年，当时许多优秀餐饮企业中的从业人员就把西餐中非主流的西餐菜肴称为亚洲菜，而以欧洲主要国家构成的菜肴体系中的主流称为西餐。这主要是由于西餐在中国的历史和发展状况决定的。

西餐最早进入中国大约是在清末光绪年间，中国沿海地区出现了许多"番菜馆"，即最早的西餐厅。改革开放后，西餐重新有了发展，1983 年，法国时装大师皮尔·卡丹在北京开了第一家中外合资的西餐厅：马克西姆餐厅。其后大量星级酒店的修建，把西餐在中国的发展推到高潮，在中国沿海地区出现许多西餐厅。目前我国的西餐发展趋势是全面扩大化，全国各地都出现许多西餐厅、法餐厅、意大利菜餐厅、日本料理餐厅、韩国烧烤餐厅、蒙古烤肉餐厅等。但是欧美国家的主流西餐，由于其口味和中国人的口味差别太大，很多中国人不是太接受。而非主流体系中的日本料理、韩国料理、印度菜等却因为符合东方人的饮食文化习惯而备受推广。大家都知道西方人的主食是面包和肉类，而东方人的主食是大米和面类，而我们学习的亚洲菜制作中主要介绍的就是亚洲各个国家和地区的菜肴体系，他们和我国人民在饮食、文化、历史、地理位置上都有许多相同之处，甚至许多国家的饮食文化深受中国影响。所以中国人一接触到这些非主流的西餐就十分喜欢，其喜好程度大大超越了主流西餐。所以亚洲菜制作是在西餐进入到中国一定时期所必须学习的课程，它要求西餐的制作必须符合中国大多数人的口味，而亚洲菜的口味比较符合中国人的口味，形式上又是西餐的一种，所以一定会在中国餐饮市场上占有一席，是对西餐制作的全面补充。

四、亚洲菜制作技术的烹饪特点

虽然亚洲菜制作技术包含的菜肴种类繁多、国家和地区的菜系混杂，但也有可以归纳总结的烹饪特点、风格特色。总的来说亚洲菜制作的烹饪特点有以下几点：

(1) 烹调方法多种多样，掺杂有中餐的烹调方法。

(2) 调味原料繁多，大量使用中餐调味品。

(3) 同西餐中的法式菜肴相比更加注重刀工技术。

(4) 烹调原料兼有东西方烹调原料，以东方产原料居多。

(5) 口味大众化，微酸、微辣、微咸、微甜复合口味。

(6) 装盘特点独特，提倡自然风格、菜肴色泽艳丽。

五、亚洲菜制作技术的风格特色

亚洲菜制作技术的风格特色由于其地理、文化、历史、经济等因素影响而形成了非常多的风格特色。

(1) 另类的烹调方法，如生食鱼类、冷拌面条等。

(2) 独特的调味料的使用，如咖喱、山葵、鱼露等。

(3) 口味风格变化大，如使用味素、调味盐等。

(4) 装盘风格艳丽、天然，如菜肴色泽搭配、纯天然装饰等。

(5) 器具风格多变，如盛菜器具有瓷器、陶瓷、木器、漆器、玻璃等。

(6) 亚洲菜制作目前涉及的地区、国家众多，但是基本菜肴风格很接近，它们既可以成为单一菜肴体系，又可以混在一起成为大的菜肴体系。

第二章
日本料理制作

第一节　日本料理概述

一、日本料理概述

日本料理就是日本的菜肴，传统上日本人把它叫"和食"。如今在日本制作菜肴的方法被大多数日本人习惯称为"日本料理"。按照字面的含义，"料"就是把材料搭配好的意思，"理"就是盛东西的器皿。

日本料理起源于日本列岛，并逐渐发展成为独具日本特色的菜肴，主食以米饭、面条为主，副食多为新鲜鱼虾等海产品，常配以日本清酒。"和食"以清淡著称，烹调时尽量保持材料本身的原味。日本料理是当前世界上一个重要烹调流派，有它特有的烹调方式和格调，在不少国家和地区都有日本料理店和料理烹调技术，其影响仅次于中餐和西餐。

随着日本和世界各国往来的加强，尤其是近几十年来逐步引进了一部分外国菜的做法，结合日本人的传统口味，形成了现代的日本菜。"和风料理"就是日本化了的西餐，锅类和天妇罗就是这类菜点的代表。近年来，日本人民的生活水平有了很大提高，在饮食方面也比以前讲究，日菜也越来越高级化了。

日本料理里最有代表性的是刺身、寿司、饭团、天妇罗、火锅、石烧、烧鸟等。

二、日本料理的历史

日本菜肴称为"日本料理"或"和食"，日本料理和日本文化一样深受海外不同历史时期的政治、经济、文化等影响，进入日本后不断地加以改造和融合、变化，最后发展成为独具日本风格的菜肴。在这个过程中，中国饮食文化对日本料理影响最大，到现在还可以从日本菜肴的名称、内容、材料和调味料中，见到中国饮食文化的影子。

日本菜肴的烹调方法的雏形形成于平安时代，当时人们称公卿贵族举办的餐会为"大飨"。使用的餐具除青铜器、银器外，还有漆器。除烹调一般的饭菜外，已经学会了酿酒。但是大的发展主要经历了"室町"、"德川"、"江户"三个时代，大约有500年的历史。

近代的日本料理深受西方饮食习惯和现代营养观念影响，越来越来注重饮食的营养和健康。在饮食习惯上也注重简单和快捷。例如，现在流行的日本刺身料理就是简单、快捷、营养、健康四者的统一。在饮食结构上除保留亚洲人的主食米饭，也逐步融入西方人的主食牛肉。大量生吃的蔬菜和肉类食品的加入大大提高了日本国民的身体素质。研究表明近代日本国民身体素质的提高与其饮食结构的变化有很大的关系。

从日本人的身体素质的提高我们不难看出东西方饮食文化的结合的优越性。

三、日本料理的发展状况

日本料理的发展过程中形成了不同的料理风格，其中主要有四类：怀石料理、卓袱料理、茶会料理、本膳料理。

（一）怀石料理

日本菜系中，最早最正统的烹调系统是怀石料理，距今已有450多年的历史。在中世日本（指日本的镰仓、室町时代），茶道形成了，由此而产生了怀石料理，这是以十分严格的规则为基础而形成的。当时的日本人在茶道之前会给客人准备的精美菜肴，为了不影响品茶的乐趣，料理的味道和用料十分讲究。茶馆主人按季节，精心挑选新鲜海产和蔬菜，烹调用足心思。怀石料理讲究环境的幽静、料理的简单和雅致。

据日本古老的传说，怀石料理起源于"怀中抱石"的故事。原本禅僧在修行的时候，规定上午只能吃一顿饭。因此，当夜幕降临的时候当然是腹中空空了，而且相应的体温也会下降。于是就怀抱加热过的石头，以此来抵御饥寒交迫的困境。怀石在这里表示"尽管不足挂齿，但是能勉强填饱空腹、温暖身体的简单食物"。其后，在安土桃山时代，茶道与禅宗结合，正式确立了茶道的形式。其中，作为茶道创始人的千利休更加追求禅料理的精神，而将其引入茶道，确立了即使在狭窄的茶室中也能方便享用的怀石料理。

怀石料理是基于日本古来的一汁三菜（以米饭、清汤一汁、三样菜、咸菜为基本的菜单。汁是指味增汤，三样菜是指醋拌生鱼丝、煮菜和烤的菜三种）的饮食法做成的，通常在是品茗会上，品茶之前食用。这是为了避免空腹品茶时浓茶的强烈刺激，既是为了让茶更加美味，而又不至于影响到品茶的和食料理。此外，由于现代日本各种料亭和料理屋等提供怀石料理的日本料理餐馆增多，有的还会特地在品茗会的怀石上标示茶怀石，以示区别。

怀石料理秉承三大原则，即"使用应时的材料"、"有效利用食材本身的味道"、"怀有热情和关切的心情来烹调"。 这些原则也强烈反映着创始人千利休闲静的思想特色。

怀石料理制作要点：只有应时的食材才能列入菜单。在重视季节感的同时，还要最大限度地展现食材的色、香、味等特点。

即便是从食材上切下来不要的东西也决不能浪费。

要重视端上菜肴之前的准备，热菜就要是热的，冷盘就连盛菜的盘子也要保持冷的，才能端上给客人，这是必须重视的地方。

在配菜单时，要注意其中出现的海产、野味和家常菜的组合不要有重复。

不方便食用的东西要先切上斜十字纹，这样比较容易入味，也更方便吃，骨头多

的东西要先把骨头剔除干净再端出来给客人。

关于盛装食物的餐具的配置组合也要多多费心。

（二）卓袱料理

卓袱料理是起源于中国古代佛门素食，由当时日本的隐元禅师创立。作为"普茶料理"（即以茶代酒的料理）加以发扬。由于盛行于当时的日本长崎，故也叫"长崎料理"。后来的日本厨师在佛门素食的基础上，又大量使用当地产的水产肉类，便有了"卓袱料理"。"卓袱料理"菜式中主要包括：鱼翅清汤、茶、大盘、中盘、小菜、炖品、年糕小豆汤和水果等。小菜又分为五菜、七菜、九菜，尤其以七菜居多。一般都是宴席未开始就先把各种小菜全部放在桌子上，食客可以先品尝各种小菜再等待鱼翅清汤及其他菜肴摆上桌享用。

卓袱料理其实就是吃日本料理的一种进餐方式。在日本人家庭里吃过饭的朋友都知道，日本人吃饭是各吃个的，每个人的面前都有一碟属于自己的菜，从来不用去大碗里夹菜。"卓袱"（卓是桌子，袱是桌布）其实是指中国人围桌而坐，共同享用料理的吃饭方式，这种不同于日本的传统的吃饭方式的办法让本来有些冷漠的日本人的饭场变的人情味十足起来。所以在明代中国人移居日本的长崎之后，这种料理开始盛行。所以吃惯了自己家乡饭的话，就不必要去体验日本的卓袱料理了。

（三）茶会料理

室町时代（公元14世纪）在日本茶道盛行，于是出现了茶宴（茶会料理）。刚开始的时候茶会料理只是茶道的点缀，十分简单，到了室町末期，变得非常豪华奢侈，最后由茶道创始人千利休又恢复了茶会料理原来清淡素朴的面目。茶会料理尽量在场地和人工方面节约，主食只用三器——饭碗、汤碗和小碟子。间中还有汤、梅干、水果，有时还会送上两三道山珍海味，最后是茶。

茶会料理从名字就可以知道这个料理和茶道有关系，而这个料理确实也是由中国茶文化流传到日本后才兴起的料理。一开始也确实是茶道聚会后面的主要食物，但是真正有名的"普茶料理"却是在大豆传入日本后兴起的，料理的主体是豆制品和大量的蔬菜，没有一点的荤腥，能吃到这种料理的地方只有寺院。由于日本的京都寺院最多，所以最著名的普茶料理自然也出在那里。

（四）本膳料理

本膳料理起源于室町时代，以传统的文化、习惯为基础，是正统的日本料理体系，也是其他传统日本饮食形式与做法的范本。本膳料理一般分三菜一汤、五菜二汤、七菜三汤，以五菜二汤最为常见。烹调时注重色、香、味的调和。亦会做成一定图形以示吉利。本膳料理在吃的时候，每个人面前都要放上小桌，菜和汤鱼贯入场。

古时候，本膳料理在日本上层社会中颇为流行，至江户时期，它一方面变得极为奢侈豪华，另一方面也在一般平民中通过办红白喜事而逐渐推广开来，现在本膳料理的形式越来越趋于简化了。

　　本膳料理是传统正式日本料理，是日本理法制度下的产物。现在正式的本膳料理已不多见，大约只出现在少数的正式场合，如婚丧喜庆、成年仪式及祭典宴会上，菜色由五菜二汤到七菜三汤不等。

 相关知识

　　日本生产的大米，营养丰富，质量上乘，煮出的饭形似珍珠，芳香四溢。吃米饭时，常搭配有青菜、鱼、肉等副食，并搭配黄酱等调味汤、腌酱菜。在副食中，现在也有不少人采用西式或中华料理来搭配。

　　日本面条，价廉物美，尤其是荞麦面条，是大众喜爱的食品。日本人在饮食生活方面，自古以来就有简朴节约的观念。此外，为了预防收成不佳而作为储备和保存的食物有：酱菜、腌制的鱼和肉类、风干的食品等。

　　日本社会运行的节奏很快。日本的早餐很简单，午餐也比较随便，而晚餐最为丰盛。日本人每逢喜事时，常吃红豆饭和带头尾的鲷鱼。糯米中加入红豆一起蒸，做成红豆饭，红豆的颜色会将糯米染红，而红色象征火和太阳的颜色，也是自古以来被视为吉祥的颜色。而鲷鱼的鱼身鲜红，所以成为吉祥的象征。

第二节　主要流派及菜肴特点

一、日本料理主要流派

　　日本料理一般来说分为两大地方菜系，即关东料理和关西料理。其中以关西料理影响为大，关西料理比关东料理历史长。关东料理以东京料理为主，关西料理以京都料理、大阪料理为主。

（一）关东菜

　　关东菜即东京菜系。日本人又习惯称"江户前"，即指江户、川前的东京湾，那里的海产新鲜可用来烹制出各种美味佳肴。受人欢迎的江户杂煮就是有代表性的一种关东菜。江户时代曾是武士的天下，在菜肴上也显示出武士的气质，因此也称关东菜为

男性菜。

（二）关西菜

关西菜主要指京都、大阪有代表性的菜肴。京都由于水质特别好，加之是千年古都，寺庙多，制作出来的菜肴一般都有宫廷、寺庙的特点，用蒸煮法做出来的菜很可口，如汤豆腐、蔬菜类的菜。

关东料理和关西料理的区别主要在于关东料理的口味浓重，其中以炸天妇罗、寿司著称。这是因为江户前（即东京湾）产一种小鱼和虾，关东料理就用当地产的这些原料来做天妇罗、寿司，其制作出来的炸天妇罗或做寿司饭都特别好吃。关西料理的特点是口味清淡，可以吃出鲜味。关西料理使用的原料好，濑户内海海产的味道好，同时关西的水质也比关东好，生产出的蔬菜味道也好，所以关西料理的菜品比关东料理菜品档次高。

二、日餐类型

（一）和定食

和定食即日本份饭。通常是午饭时用此餐单，其主要特点是简单、迅速、经济。客人来到餐厅就可以吃到定食，汤菜放在一个盘内托出。这样，可以满足那些吃完午饭还要上班，或者时间紧迫的顾客的要求。和定食一般以某一个菜为主，配之以小菜、米饭、酱汤、咸菜。其上菜时菜的摆法，可根据菜的情况而定，但主菜盘一定要放在中上方，中前为小酒菜，因为客人要先吃酒菜。米饭、咸菜放在左边，酱汤放在右边，筷子放在中下方。这种摆法是不变的，只是配菜要看空隙放入。和定食内必须有米饭、咸菜、酱汤或清汤，其他菜可根据价格调配。

（二）弁当

弁当即盒饭。这是一种用精致饭盒上饭菜的方式。一般的饭盒是漆器状的木制品，内分四格、五格两种，每格可放一种菜和相应的饭团。因此，一般餐馆弁当的规格也分为四菜一汤、五菜一汤两种，配什么菜可根据价格而定，其他配套食品也要根据配菜调整。

（三）季节菜单

季节菜单即根据不同季节编的有代表性的份饭。这种菜单的名称一般随厨师喜好命名。各大餐馆并不一样，但一般喜欢叫桐、松、竹、梅、风等，其作用仅仅是用于表示某套份饭的菜和价格。这样有一个好处，客人可以避免直接说出钱数，以免使一些客人在点经济菜时被旁边的人听到价格，而有失体面。

（四）一品料理

一品料理即零点菜单，客人可根据自己的喜好要菜点。

 相关知识

寿司（susi 或称 sushi）是日本人最喜爱的传统食物之一，日本人常说"有鱼的地方就有寿司"，这种食物据说来源于亚热带地区，那里的人发现，如果将煮熟的米饭放进干净的鱼膛内，积在坛中埋入地下，便可长期保存，而且食物还会由于发酵而产生一种微酸的鲜味，这也就是寿司的原型。

现在日本的寿司，主要是由专门的寿司店制作并出售。店中身着白色工作服的厨师，会根据顾客的要求，将去了皮的鲜鱼切成片和其他好材料码在等宽的米饭块上，由于各类鱼虾的生肉颜色不同，寿司也是五颜六色，十分好看。

日本寿司分两大派别：江户派，握寿司；关西派，箱寿司（大阪的最有名），相比之下，握寿司更让大家青睐。由于不使用任何模具，全靠寿司师傅手工握制而成，这样不仅可以保证米的颗粒圆润，同时有效地保持米的醇香。

其中，握寿司在整个料理领域里，应该可以算是非常独特的一门，最主流也最讲究。不同的鱼材，刀法、厚薄甚至调味、做法便有不同。就像品酒顺序必定是由香槟、白酒到红酒、甜酒或烈酒一样，吃寿司在先后顺序上也有讲究。

三、日本料理菜肴的特点

日本料理的独特风格形成，是同其地理环境、东方传统文化分不开的。

日本位于亚洲大陆的东部，是太平洋西北部的一个岛国，由北海道、本州、四国、九州四个主要岛屿组成，四面临海。西面是日本海，东面是太平洋，近海及远洋捕鱼业非常发达。日本多山，适于耕作的土地不多，但是水网纵横，土地肥沃，四季分明，气候温暖，雨量充足，夏天常受台风的影响，冬天日本海沿岸雨雪较多，而太平洋沿岸则经常是晴天。在漫长的历史年月中，日本创造了具有独特风格的传统文化，与中国、东南亚各国的交流，使得日本的传统文化更加丰富多彩。这些都对日本菜的独特风味产生了深刻的影响。

日本料理烹饪的特点：在料理的制作上，要求材料新鲜，切割讲究，摆放艺术化，注重"色、香、味、器"四者的和谐统一，尤其是不仅重视味觉，而且很重视视觉享受。

日本料理装盘的特点：要求色泽自然、味鲜美、形多样、器精良。

日本料理烹调方法基本由五种调理法构成，即切、煮、烤、蒸、炸。和中国菜肴

制作相比，日本料理的烹饪法比较单纯。

日本料理菜肴特点：日本料理菜肴一般都着重自然的原味。"原味"是日本料理首要的精神。烹调中讲究烹调方式，菜肴制作和装饰、装盘十分细腻精致。从数小时慢火熬制的高汤、调味与烹调手法，均以保留食物的原味为前提。

由于大多数日本菜肴是以糖、醋、味精、日本酱油、柴鱼、昆布等为主要的调味料，除了品尝菜肴香味以外，味觉、触觉、视觉、嗅觉等亦不容忽视。吃日本料理也十分讲究，一定要热的料理趁热吃、冰的料理趁冰吃，这样才能在口感、时间与料理食材上才能相互辉映，达到百分之百的绝妙口感。

日本料理是用眼睛品尝的料理，更准确地说应该是用五感来品尝的料理。即眼——视觉的品尝；鼻——嗅觉的品尝；耳——听觉的品尝；触——触觉的品尝；舌——味觉的品尝。然后说到能尝到什么味道，首先是五味。五味可能同中国料理相同，甜酸苦辣咸。并且料理还需具备五色，黑白赤黄青。五色齐全之后，还需考虑营养均衡。

日本人把日本菜的特色归结为"五味，五色，五法"。

五味是春苦、夏酸、秋滋（味）、冬甜，还有别具一格的涩味。

五色是绿春、朱夏、白秋、玄冬，还有黄色。

五法是指蒸、烧、煮、炸、生。

其实，日本菜的首要特点是季节性强，不同的季节要有不同的菜点。可以这样来比喻，四季好比经度、节日好比纬度，互相交织在一起，形成每个时期、每个季节的菜肴。菜的原料要保证新鲜度，什么季节要有什么季节的蔬菜和鱼，其中蔬菜以各种芋头、小茄子、萝卜、豆角等为主。鱼类的季节性很强。

日本四面环海，到处有丰富的渔场，而且日本沿海有暖流，也有寒流。人们可以在不同的季节吃到不同种类的鲜鱼，例如，春季吃鲷鱼，初夏吃松鱼，盛夏吃鳗鱼，初秋吃鲭花鱼，秋吃刀鱼，深秋吃鲑鱼，冬天吃鲋鱼和海豚，这种大自然的恩赐，使日本人可以吃到不同季节的鱼。日本菜的肉类以牛肉为主，其次是鸡肉和猪肉，但猪肉是较少用的。另外，使用蘑菇的品种比较多。

日本菜在烹制上主要保持菜的新鲜度和菜的本身味道，其中很多菜以生吃为主。在做法上也多以煮、烤、蒸为主，带油的菜是极少的。煮法上火力也都以微火慢慢煮，似开不开，而且烹制的时间长。在加味的方法上大都以先放糖、味淋酒，后放酱油、盐，因糖和酒不但起调解口味的作用，而且还能维护素菜里的各种营养成分。味精也尽量少放。在做菜上大都以木鱼花汤为主，极少使用水。因此，日本料理烹调木鱼花汤是很重要的，就如中餐的鸡汤，西餐的牛肉汤一样重要，所以高级的菜都是用木鱼花汤和清酒为主，而且清酒的使用量也是很大的。料理使用的酱油有三种，即淡口、浓口、重口。淡口即色浅一点，浓口即一般酱油，重口颜色深而口味上甜一点。在菜的口味上，小酒菜以甜、咸、酸为主，汤菜以清淡为主，菜量少而精。配菜的装饰物随季节而变化，有花椒叶、苏子叶、竹子叶、柿子叶、菊花叶等。日本的四季有四季的花和叶，用这些来点缀菜点，这就更能表现出怀石料理的内容了。日菜使用的大酱也是多种多样的，一般早餐用信州大酱或白大酱作酱汤，午晚用赤大酱作酱汤。

由以上的介绍可以看出，日本菜的基本特点是：第一，季节性强；第二，味道鲜美，保持原味清淡不腻，因此很多菜都是生吃；第三，选料以海味和蔬菜为主；第四，加工精细，色彩鲜艳。

第三节 日本料理厨房结构

一、日本料理厨房结构

在食品的烹调方法和菜肴制作、出品、用餐过程上日本料理和西餐厨房都有比较大的区别。因此在日本料理厨房和西餐厨房结构和布局有很大的差异，特别是在厨房日常运作的流程上的差异，主要表现在日餐厨房特有的结构和布局、功能、厨房的组织结构和工艺流程的特殊性上。

日本料理厨房设计是由工程、土建和装修公司来共同完成的，但是厨房的使用者必须事先参与厨房结构的设计和布局的规划，并把日常的工作流程、布局上的建议提供给工程设计方，由他们具体实施。因此要成为一个合格的料理长，首先必须学习、了解和掌握好厨房的结构设计。

厨房结构和布局所涉及到的知识有：厨房结构、厨房设计、厨房布局、厨房组织结构、厨房工作流程、厨房工作制度等。其中合理的厨房结构、厨房的设计、厨房的布局等知识是厨房管理的前提，而厨房的组织结构、工作流程、工作制度等是厨房管理的有效手段。

日本料理一般分为厨房料理和寿司吧料理两种厨房结构，以下主要介绍日餐厨房结构。

二、日本料理厨房的厨师结构

日本料理店一般设置的厨房厨师结构由以下几个岗位构成。

1. 料理长

料理长职责是负责料理店厨房的所有经营、生产、组织、管理工作。料理长必须熟悉日本料理店的经营方法；掌握日本料理制作生产过程的每一个环节；有能力组织管理好全体厨房员工，不断地提高员工素质和团队精神；具有现代餐饮企业管理经营

能力。

2. 副料理长

副料理长职责是协助料理长的日常工作，重点是厨房菜肴质量的监督和生产环节的监督管理。副料长必须要有良好的人际沟通能力和生产技术能力，在日常工作中能有效的和各级管理厨师进行沟通，并监督管理好日常生产经营过程。

3. 铁板烧厨师

铁板烧厨师职责是各种铁板烧菜肴的生产制作，必须做好每天提供的菜肴的原料的加工、准备、烧烤汁、菜肴现场烹调和卫生工作。铁板烧厨师必须注意每天的仪容仪表，特别是工作场所的卫生工作。

4. 煮台厨师

煮台厨师职责是日本料理烹调中的各种煮物和基础汤汁、制作和准备工作。煮台厨师必须对每天烹调中使用的原料的加工、准备和使用量有良好的控制能力和高超的菜肴制作水平；煮台厨师还必须管理好料理厨房里的各种汤汁的制作和保存。

5. 炸台厨师

炸台厨师职责是日本料理菜肴中炸的烹调方法的制作工作。炸台厨师必须有很好的成本管理能力，特别是在对炸油的使用和保存、更换上的管理。

6. 烧台厨师

烧台厨师职责是提本料理菜肴中各种烧物的制作工作。烧台厨师必须有良好的工作技巧，能掌握好各种烧物原料的烹调时间和烹调方法。

7. 厨房学徒

厨房学徒职责是各个岗位的菜肴的基础加工、制作、卫生清理工作。日本料理厨房除各级厨师外就是各个不同岗位的厨房学徒工，他们是厨房的基础、是厨房菜肴制作中质量的保障。厨房的各级厨师都有培训、教育厨房学徒的职责。

三、日本料理厨房布局

厨房布局是指厨房结构、流程的设置能服务于餐厅，满足餐厅菜肴的制作需求，以及最小化的厨师人员搭配、需求等，以达到最大的经营效益。

厨房布局是指根据餐厅的大小和功能结构，来有效地设计厨房加工和生产的部门，最大化的规划出厨房的整体规模，以提高餐厅经营面积从而进一步提高餐厅的经营利益。

日本料理厨房的布局一般就是以下几个部门来构成。

1. 铁板烧部

顾客围坐在扁平的铁板周围，厨师当场操作，边吃边煎。铁板烧部的主要任务就是提前准备好各种原料和调料，预先制作好要使用的汤汁和装饰物，然后当着客人烹调好食物，最后是卫生工作。当然铁板烧厨师还有个重要的任务就是：不仅是烹调好的美食，还要和顾客进行适当的沟通，带给顾客美好的用餐氛围。

2. 煮物部

煮物部的厨师要完成各种先付、冷菜、先碗、煮物、酢物、止碗、渍物、食事、锅物中的菜肴的煮制烹调和加工。通常由于煮物部的工作量最大、最烦琐，人员配备也最多，有的日本料理厨房在工作中细化为沙拉房、汤汁房、面条房、火锅房。

3. 炸物部

炸物部也叫扬物，负责日本料理中油炸的烹调方法菜肴的制作，主要是制作天妇罗。

4. 烧物部

烧物部负责日本料理中的各种用明火或暗火烤制食物的烹调方法，主要是由于日本料理在烧烤的烹调的时候喜欢使用明火的一种烤炉，烧制食物的时候需要专人处理，所以日本料理烧物部的实际是烤的烹调方法。常见的如烤鳗鱼、盐烤秋刀鱼等。

5. 洗碗部

洗碗部由垃圾清理、清洗、洗涤、消毒、清洗、餐具存放等组成；负责餐厅的餐具、酒具洗涤和厨房的简单工具洗涤工作；负责餐厅餐具的保管、存放；工作完毕后，负责检查餐具数量、场所卫生干净。

6. 库房部

库房部由成品库、半成品库、原料库、调味品库、保鲜库、冷冻库组成。主要是厨房的一切原料、调料的保存与保管，还包括厨房的成品、半成品的保存与保管。

7. 办公区

办公区由消毒部、办公室、更衣室组成，是员工上班前消毒、签到、更衣的区域，也是料理长办公场所。

8. 备餐区

备餐区是厨房与餐厅的第一接合部，是服务员点菜完成后下单的区域，也是服务员出菜的地方。一般设有出餐台、预备台、餐具回收台、一般洗涤台、垃圾回收台等，以便接收服务员点菜单、服务员端菜出菜、回收餐具等工作。

9. 进货区

进货区由验收部、办公室、总库房组成，是各种原材料进入厨房的区域。

四、日本料理的寿司和回旋寿司厨房结构

（一）寿司吧

在日本料理餐厅里有一种厨房设置在餐厅前台，格调像西餐酒吧的厨房；在寿司吧里有简单的厨房设备和制作区域，是厨师在里面现场制作各种寿司和刺身等食物的特殊厨房结构。寿司吧是在一个酒吧式的台边用餐，客人可以看见厨师现场表演制作。一边看厨师的手艺，一边吃饭，一边和厨师聊天，相当自由，所以现在十分流行。寿司吧也提供其他生产品。

（二）回旋寿司

在日本料理餐厅里还有一种厨房结构就是回旋寿司店，其特色就是在料理店中间区域有个厨房，厨房的餐台由能回旋转动的机械带动。厨师把制作好的寿司或刺身放在传送带上，客人坐在前台可以根据喜好自己取用。但是按照寿司美食家的说法，真正的寿司是用手一点点捏出来的，而亲眼看到厨师捏寿司的每个细微动作，更是吃寿司的一种享受。而回转寿司，因为省略了这一过程，总让内行的食客感觉缺少些什么，他们说寿司之所以好吃，就是因为带有手捏过的味道。

 相关知识

"刺身"，即生鱼片，是日本人最佳的生食。自古以来日本就有吃生食的习惯，江户时代以前生鱼片主要以鲷鱼、鲆鱼、鲽鱼、鲈鱼等为材料，这些鱼肉都是白色的。明治以后，肉呈红色的金枪鱼、鲣鱼成了生鱼片的上等材料。现在，日本人把贝类、龙虾等切成薄片，也叫"生鱼片"。去掉河豚毒，切成薄片的河豚鱼，是生鱼片中的佼佼者，制作河豚刺身的厨师，必须取得专业资格，这刺身鲜嫩可口，但价格很贵。

吃生鱼片要以绿色芥末和酱油作作料。芥末的日语叫"わさび"，是生长在瀑布下或山泉下一种极爱干净的植物——"山葵"，一遇污染就凋萎。山葵像小萝卜表皮黑色，肉质碧绿，磨碎捏团放酱油吃生鱼片，它有一种特殊的冲鼻辛辣味，即杀菌，又开胃。日本的生鱼片异常新鲜，厚薄均匀，长短划一。生鱼片盘中点缀这白萝卜丝、海草、紫苏花，体现出日本人亲自然的饮食文化。

"寿司"，又称四喜饭，是日本饭的代表，制作寿司要在米饭中加醋、糖、盐、料酒等调料，还要加海藻、辣根等，将其攥成小饭团，上面放上各种生鱼片、鱼仔、鲜虾肉、贝类等，这叫"攥寿司"。将米饭铺在寿司上，然后加生鱼片、紫菜等，卷起来成圆柱形，就成"卷寿司"。寿司鲜美爽口，价格大众化，很受日本民众的喜爱。东京的"捏饭寿司",客人可以一边吃,一边欣赏厨师的手艺。饭团,是用双手把煮熟的米饭攥成的,大小适中,里面放上咸梅干或咸鲑鱼。攥时两手蘸上水和盐,使饭团略带咸味,外面包上紫菜。

生鱼片:鲑鱼(三文鱼)、鲔鱼(金枪鱼)、鲕鱼(黄尾鱼)、鲷鱼、鲣鱼、鲭鱼;各类海鲜:乌贼(墨鱼)、八爪鱼、虾、鳗鱼、鱼子、海胆、北极贝等介贝类海产。

果菜:腌萝卜、腌梅子、纳豆、鳄梨(牛油果)、黄瓜(青瓜);炸豆腐红肉:牛肉、马肉、火腿;其他:煎鸡蛋(奄列)、生鹌鹑蛋。

第四节 厨房原料介绍

一、日本料理厨房原料介绍

(1)日本酱油品牌和口味众多,价格也高低不等。常见的日本酱油有万字酱油或东字酱油。一般厨用酱油如图 2.1 ~图 2.4 所示。吃寿司或刺身的酱油分为淡味和浓味,其实就是有盐、无盐酱油。区别是在酱油盖上红色的是浓味酱油,绿色的是淡味酱油。

| 图 2.1 | 图 2.2 | 图 2.3 | 图 2.4 |

(2)日本醋。常见的厨用醋如图 2.5、图 2.6 所示,大箱的是厨用、小瓶的是寿司调和醋。

(3)猪扒汁。常用来制作、腌制猪肉类菜肴或是直接用做猪肉类菜肴调味的汁(图 2.7)。

(4)拉面白汤。制作拉面时对基础汤调味的调味料,主要作用是增白、增浓、增香(图 2.8)。

图 2.5   图 2.6   图 2.7   图 2.8

（5）炒面汁。制作日式炒乌东面时常用的调味料（图 2.9）。

（6）烧肉汁。烧物类菜肴烹调时常常使用的调味料（图 2.10）。

（7）拉面汁。炒拉面的调味汁（图 2.11）。

（8）日本清酒。颜色清而透明，味道与中国的绍兴酒相似，是日本人经常饮用的酒（图 2.12）。

图 2.9   图 2.10   图 2.11   图 2.12

（9）纳豆。与现代中国人食用的豆豉相同。由于豆豉在僧家寺院的纳所制造后放入瓮或桶中贮藏，所以日本人称其为"唐纳豆"或"咸纳豆"，日本将其作为营养食品和调味品，中国人把豆豉用锅炒后或蒸后作为调味料。目前制作日本料理一般买来的都是成品，直接使用即可（图 2.13、图 2.14）。

图 2.13   图 2.14

（10）日本茶面条、日本荞麦面条（图2.15）。

（11）日本面包糠。同西餐使用的面包糠最大的区别是它比较长，口感更好（图2.16、图2.17）。

（12）素面条。制作清汤面条的最好材料（图2.18）。

　　图2.15　　　　　　图2.16　　　　　　图2.17　　　　　　图2.18

（13）日本乌东面（图2.19）。

（14）日本五木赤面（图2.20）。

（15）昆布。专门用来煮汤调味的一种带有梗部的海带块，其实就是我国的干海带头，只是它的品质较好（图2.21）。

（16）本场海苔。制作寿司的海苔（图2.22）。

（17）青芥末粉。加水调和就可以使用。芥末膏通常是作为调味料，直接可以使用（图2.23、图2.24）。

（18）天妇罗粉。制作日本料理天妇罗的特殊炸粉（图2.25）。

　　图2.19　　　　　　图2.20　　　　　　图2.21　　　　　　图2.22

　　图2.23　　　　　　　　图2.24　　　　　　　　图2.25

（19）七味粉。一种带辣味的调味品，含有紫菜、芝麻、辣椒面等。日本人食用面食时都喜爱放它（图2.26、图2.27）。

（20）味噌。分白味噌和赤味噌，也叫白大酱和赤大酱。白味噌是一种颜色白而味道跟大酱相似的酱，只是甜味较重。赤味噌与中国黄酱颜色一样，只是味道没有中国黄酱咸，微带甜味（图2.28、图2.29）。

（21）日本三乐味淋。这是一种黄色透明的甜味酒，其用途与中国料酒相似，是烹调中不可缺少的调料（图2.30、图2.31）。

（22）保鲜紫苏叶（图2.32）。

（23）木鱼花或柴鱼花。把鲣鱼清洗、晒干、烘烤后，制作前用刨子将鱼肉刨成刨花，所以叫木鱼花。在日本神社或宫殿的屋脊上装饰的圆木，其形状似木鱼，故也将鲣鱼称为木鱼。一遍木鱼花：制作一遍汤的木鱼花，此木鱼花色白，做出的汤清澈。二遍木鱼花：制作而变化的木鱼花，此木鱼花色发红，做出的汤微带红色（图2.33）。

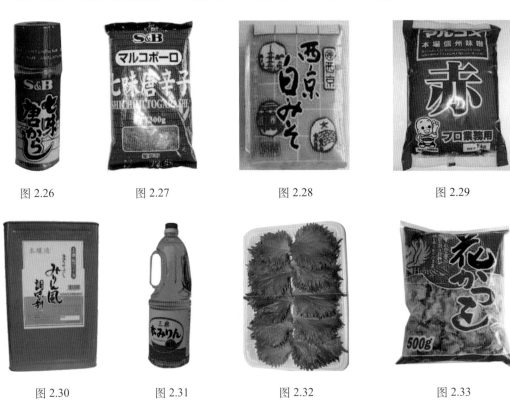

| 图2.26 | 图2.27 | 图2.28 | 图2.29 |
| 图2.30 | 图2.31 | 图2.32 | 图2.33 |

（24）樱花粉。也叫鱼松粉，是很好的调味、调色原料（图2.34）。

（25）甜姜片。一种渍物类的小食品或调味料，是一种日式酱菜，可作佐菜（图2.35）。

（26）樱花渍。一种渍物类的小食品或调味料，是一种日式酱菜，可作佐菜（图2.36）。

（27）青瓜渍。一种渍物类的小食品或调味料，是一种日式酱菜，可做佐菜

（图 2.37）。

（28）白姜片、红姜片（图 2.38、图 2.39）。

（29）日本裙带菜。即小海带，海中的一种植物，也叫裙带菜（图 2.40）。

（30）大根。日本口味的咸菜。因为口味纯正，在当地深受大众喜爱。味道酸甜，特别的清脆爽口（图 2.41）。

（31）方形味付油扬（图 2.42）。

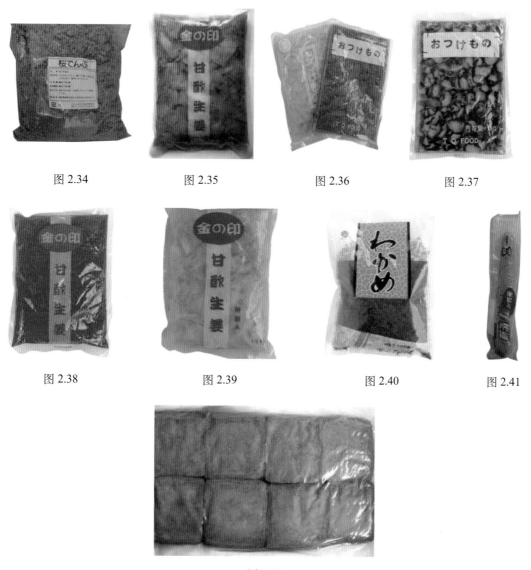

图 2.34　　　　　　图 2.35　　　　　　图 2.36　　　　　　图 2.37

图 2.38　　　　　　图 2.39　　　　　　图 2.40　　　　　　图 2.41

图 2.42

二、日本料理寿司吧原料介绍

（1）寿司醋是制作寿司时必不可少的材料，寿司中的酸味就是由它而来的，也可

自己制作，也可以加入梅子。这样味道更好，而且有梅子的香味。日本原装寿司醋带有淡淡的菊花香，具有勾兑醋所不能比拟的味道。寿司醋是做寿司必不可少的调味品，拌在米饭中，通常比例是 6 : 1，即六勺米饭一勺醋（图 2.43）。

（2）日本稻米。制作寿司的特别大米（图 2.44）。

（3）人造蟹肉棒。刺身的鱼类原料，目前市面上价格差异巨大。通常贵的是好的人造蟹肉棒（图 2.45）。

（4）日本料理刺身金枪鱼。金枪鱼因产地不同，肉质也有区别，所以价格也有很大区别（图 2.46～图 2.48）。

（5）日本料理飞鱼籽、蟹籽（图 2.49）。

（6）日本红蟹籽（图 2.50）。

图 2.43   图 2.44   图 2.45

图 2.46   图 2.47   图 2.48

（7）刺身北极贝。产于加拿大和大西洋深海无污染纯天然海产品，其肉质丰厚细腻，味道鲜甜，富含铁和高不饱和脂肪酸等，有益于心脏，解冻即食（图 2.51）。

（8）冰鲜三文鱼（图 2.52）。

（9）盐渍黄梅。日本传统的咸菜食品。对日本人来说，咸黄梅是最普遍的食品之一。到了黄梅雨季节，在各个家庭与食品工厂就开始生产梅干。食用时撒在热饭上，也可以泡酒（图 2.53）。

（10）日本配饰寿司叶海老型 1 号。作为食品装饰物的疏离叶型花，原先广泛用于日本料理中，现在包括中餐在内的其他各种料理也开始使用（图 2.54）。

（11）醋青鱼。青鱼中除含有丰富蛋白质、脂肪外，还含丰富的硒、碘等微量元素，故有抗衰老、抗癌作用（图 2.55）。

（12）山型胶叶（图 2.56）。

图 2.49

图 2.50

图 2.51

图 2.52

图 2.53

图 2.54

图 2.55

图 2.56

（13）金枪鱼边。即金枪鱼腹部的肉，口味极佳，因产量少，价格极高（图 2.57）。

（14）黄太鱼（图 2.58、图 2.59）。

（15）比目鱼（图 2.60、图 2.61）。

（16）鳗鱼（图 2.62）。

（17）鱿鱼（图 2.63）。

（18）虾（图 2.64）。

（19）甜虾（图 2.65）。

（20）八爪鱼（图 2.66）。

（21）红贝（图 2.67、图 2.68）。

图 2.57 　　　　　　图 2.58 　　　　　　图 2.59

图 2.60 　　　　　　图 2.61 　　　　　　图 2.62

图 2.63 　　　　　　图 2.64 　　　　　　图 2.65

图 2.66 　　　　　　图 2.67 　　　　　　图 2.68

（22）海胆（图2.69、图2.70）。
（23）甜蛋（图2.71、图2.72）。

图2.69　　　　　　　图2.70　　　　　　　图2.71　　　　　　　图2.72

（24）豆腐皮（图2.73、图2.74）。

图2.73　　　　　　　　　　　　　　图2.74

（25）三文鱼子（图2.75、图2.76）。

图2.75　　　　　　　　　　　　　　图2.76

（26）牛油果（图2.77、图2.78）。
（27）日本泡菜（图2.79）。
（28）红鲷鱼（图2.80、图2.81）。
（29）鲷鱼（图2.82、图2.83）。
（30）西陵鱼（图2.84～图2.86）。

图 2.77

图 2.78

图 2.79

图 2.80

图 2.81

图 2.82

图 2.83

图 2.84

图 2.85

图 2.86

第五节　日本料理菜肴制作

一、日本料理——先付

在日本料理中先付的意思就是佐酒的小菜或是开胃菜的意思。一般是在客人坐下的时候就提供给客人很少的分量的菜肴，先付小菜的口味一般以甜、酸、咸为主，种类多样。通常这种小菜是免费提供给客人的开胃菜，也可以作为客人等待厨师制作菜肴时佐酒的小菜。先付的主要原料一般都是厨房里的各种菜肴原料在初加工的时候的边角余料，厨师可以根据天气、季节等变化需求，加工成不同口味的小菜免费提供给顾客，也是体现料理厨师对食物原料全部的认知和情感，挖掘食材的原本味道和最大营养与价值。

（一）蔬菜先付的制作

实训一　菊　花　萝　卜

目的：熟悉并制作先付中蔬菜类的菊花萝卜的制作方法。

要求：掌握制作方法，学习刀工技巧。

原料：白萝卜 500 克，菊之醋 300 克，白糖 150 克，盐 10 克，干辣椒 1 克，紫苏叶 1 片，甜酸梅 1 粒，小黄菊花 1 朵，清酒 5 克，味淋 2 克。

学时：1 学时。

工具：切刀、不锈钢盆、小刀、塑料切板、先付小碗、竹筷、台秤、量杯。

步骤：

（1）在不锈钢盆内倒入称量好糖、醋、盐、清酒、味淋等调和好备用。

（2）白萝卜去皮，切成圆柱体（图 2.87a），干辣椒切细丝备用。

（3）用切刀把白萝卜圆柱体上面每 1 毫米横切下 3/4，同样再竖切后用少许盐腌制 0.5 小时。

（4）把腌好的萝卜挤干水分，放入醋水中，入冰箱浸泡一天。

（5）木碗内放紫苏叶，再把萝卜用手四角压开成菊花型（图 2.87b），放上干辣椒丝点缀，配上甜酸梅和小黄菊花，即可（图 2.87c）。

注意事项：关键是切萝卜的刀工技巧，做出来的萝卜花要像菊花。

a   b   c

图2.87

28

实训二　酸甜藕片

目的：熟悉调制酸甜汁以及日本料理装盘格调。

要求：掌握藕的雕刻手法和菜肴制作方法。

原料：莲藕500克，菊之醋300克，白糖150克，昆布15克，盐10克，清酒5克，味淋2克，红色素1克，芭蕉叶1片，海盐50克。

学时：1学时。

工具：切刀、不锈钢盆、小刀、塑料切板、先付小盘、竹筷、台秤、量杯。

步骤：

（1）在不锈钢盆内倒入称量好糖、醋、盐、清酒、味淋、昆布等调和好备用。

（2）莲藕去皮洗净（图2.88a），用小刀雕刻掉外皮多余部分后放红色素染色。

（3）把染好的莲藕放入调和好的酸甜水中浸泡入味（图2.88b）。

（4）先付盘上放海盐团，再放芭蕉叶，最后把莲藕切片放上即可（图2.88c）。

注意事项：雕刻莲藕的时候注意藕比较硬，小心切到手。调色的时候注意颜色要自然。

a   b   c

图2.88

（二）鱼类先付的制作

实训三　清煮翡翠螺

目的：了解贝类的基础加工和烹调方法。

要求：熟悉螺肉的初加工方法和菜肴制作工艺。

原料：翡翠螺 500 克，白萝卜 15 克，姜 15 克，水 200 克，清酒 100 克，香葱 1 根，味淋 100 克，白糖 100 克，昆布 5 克，日本酱油 15 克，盐 10 克。

学时：1 学时。

工具：切刀、不锈钢盆、小刀、塑料切板、先付小盘、竹筷、台秤、量杯。

步骤：

（1）先把翡翠螺放入开水煮 3 分钟，冲冷水后去掉螺盖。

（2）把螺肉拉出来，用小刀切开。清理干净内脏和沙肠。翡翠螺壳清洗干净，煮 1 小时后冲冷备用。

（3）锅内放清水、姜片、昆布、清酒、白萝卜片、翡翠螺肉煮 15 分钟。

（4）等翡翠螺肉软后，加入白糖、味淋、日本酱油、盐调味，大火浓缩汤汁后即可。

（5）装盘时把螺肉回填入煮干净的螺壳内即可装盘，配香葱一根即可。

注意事项：清理螺肉内脏的时候不仅要清理沙肠，还要把它对破开，清理里面的东西。

不同品质的螺肉的煮制时间有较大的区别，原则是必须把螺肉煮软能食用。

菜肴照片见图 2.89（a~c）。

　　　a　　　　　　　　　　　b　　　　　　　　　　　c

图2.89

实训四　酱香三文鱼

目的：熟悉对边角余料的处理方法，掌握调味基础。

要求：掌握酱香三文鱼的制作方法。

原料：三文鱼 500 克，日本酱油 100 克，味淋 50 克，白糖 50 克，木鱼汤 250 克，清酒 25 克，色拉油 30 克。

学时：1 学时。

工具：切刀、不锈钢盆、小刀、塑料切板、先付小盘、竹筷、台秤、量杯。

步骤：

(1) 先把边角余料的小三文鱼块用色拉油煎熟备用。

(2) 锅内放日本酱油、木鱼汤、清酒、味淋、白糖熬制 10 分钟冷却后备用。

(3) 用冷的酱汁浸泡熟三文鱼一天后，取出装盘即可食用。

注意事项：使用边角余料的时候要小心检查有没有其他杂物或鱼类。

菜肴照片见图 2.90（a、b)。

a   b

图2.90

实训五　蒜香牛肉卷

目的：了解制作菜肴的牛肉原料的品质和鉴别方法。

要求：掌握好卷牛肉的技巧和煎肉的技术。

原料：日本雪花肥牛 150 克，香蒜粒 15 克，香葱 3 克，清酒 10 克，日本酱油 10 克。

学时：1 学时。

工具：切刀、不锈钢盆、小刀、塑料切板、先付小盘、竹筷、台秤、扒板。

步骤：

(1) 把冻的日本雪花肥牛刨成薄片，中间放上香蒜粒和香葱，再把牛肉片卷起来备用。如图 2.91a 和 2.91b 所示。

(2) 扒板上放色拉油少许，把牛肉卷接口的地方向下，煎上色后翻面（图 2.91c）。

(3) 等牛肉成熟上色后，烹清酒和日本酱油调味即可装盘。

注意事项：该菜肴没有汁，关键就是清酒和日本酱油的温度控制，使它成汁。

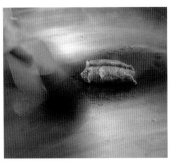

| a | b | c |

图2.91

二、日本料理前菜

日本料理前菜的概念就是冷菜，一般是和先付的功能大体一致的就是提供给客人佐酒的菜肴。前菜和先付的区别就是前菜可以单上，也可三五种菜肴拼在一起上，而且前菜是顾客自己点的菜肴，菜肴的分量也就大一些，是要收费的。前菜一般制作精致小巧，口味多种多样，有开胃菜的风格特色。在怀石料理中前菜的色、香、味、型、器都是要使人心情舒畅，充满参禅的意念。日本料理厨师在制作怀石料理时，菜肴千变万化、格式多种多样、装盘规格形式万千，每个厨师都会把自己对菜肴的理解和原料的认知加以思考后再精心烹调菜肴，可以说每个小小的菜肴都倾注了料理厨师的情感。

（一）蔬菜前菜的制作

实训六 凉拌菠菜

目的：掌握怀石料理前菜的装盘、装饰风格特色。

要求：掌握菠菜的氽水技术和调味汁的风味调制。

原料：菠菜150克，木鱼花1克，昆布1片，淡味酱油5克，白芝麻1克，清酒2克，味淋2克，盐2克，清水50克，香菇1个。

学时：1学时。

工具：切刀、不锈钢盆、小刀、塑料切板、前菜盘、竹筷、台秤。

步骤：

（1）菠菜清洗干净后捆绑好备用。

（2）烧开水，放少许盐，等水开后放入菠菜，氽水后冲冷、晾干备用。

（3）另一小锅内放清水、淡味酱油、昆布、香菇、味淋、木鱼花等熬制15分钟后，冷却备用。

（4）前菜小碟内放上晾干的菠菜段，淋上熬制好的酱油汁，最后撒上少许木鱼花和白芝麻装饰即可。

注意事项：蔬菜原料氽水的时候加少许的盐可以使菠菜的颜色保持翠绿。在有的地区料理厨师也为营养健康把菠菜的头留下，放在菜肴里面，但是顾客大多不喜欢菠菜头的口感和质地。大家可根据顾客实际需求考虑菜肴。

菜肴照片见图 2.92（a~c）。

a　　　　　　　　　　b　　　　　　　　　　c

图2.92

实训七　冷玉豆腐

目的：了解怀石料理对参禅的意境的理解方式和菜肴制作观念。

要求：熟悉菜肴装饰的技巧和色彩搭配的方法。

原料：白玉豆腐 50 克，木鱼花 1 克，昆布 1 片，淡味酱油 5 克，白芝麻 1 克，清酒 2 克，味淋 2 克，海苔 1 克，清水 50 克，香菇 1 个，绿鱼子 2 克，紫苏叶 1 片，海胆 5 克，小葱 1 克。

学时：1 学时。

工具：切刀、不锈钢盆、小刀、塑料切板、前菜碟、竹筷、刨冰机。

步骤：

（1）选用上等的白玉豆腐，切块放入冰水中浸泡备用。

（2）另一小锅内放清水、淡味酱油、昆布、香菇、味淋、木鱼花等熬制 15 分钟后，冷却备用。

（3）海苔切细丝、小葱切成葱花备用。香菇取出切碎备用。

（4）前菜碟上放浸泡好的豆腐，在配上熬制好的酱油汁，装饰上紫苏叶一片。

（5）把海苔丝、葱花、白芝麻、海胆、绿鱼子、香菇碎配在旁边即可。

注意事项：冷玉豆腐看起来制作简单，但是格调确很高雅，意境深远，因此要想做好这道菜肴的关键是料理厨师对菜肴中使用的各种原材料产地、质地、品质的了解和选择。

菜肴照片图 2.93（a、b）。

a   b

图2.93

实训八 木鱼烤茄

目的：掌握菜肴制作方法和茄子的烤制时间与去皮方法。

要求：熟悉日本料理装盘风格和特色，掌握汁的制作方法。

原料：长茄1根，木鱼花2克，昆布1片，淡味酱油5克，白芝麻1克，清酒2克，味淋2克，海苔1克，清水50克，香菇1，酸甜藕片5克，竹叶2片，味甑5克，小葱1克。

学时：1学时。

工具：切刀、不锈钢盆、小刀、塑料切板、前菜碟、竹筷、不锈钢烤架。

步骤：

（1）锅内把木鱼花、昆布、淡味酱油、白芝麻1克、清酒、味淋、清水、香菇熬制好，调入味甑成糊状备用。

（2）再把长茄子放在不锈钢烤架上在火上烧软，去皮（图2.94a）。

（3）前菜碟上放上竹叶装饰，再放上切段的去皮烤茄子，刷上味甑汁（图2.94b）。

（4）撒上葱花、木鱼花、白芝麻，配上酸甜藕片即可（图2.94c）。

注意事项：在火上烧茄子的时候火不能太大，别把茄子里面烧干。味甑很咸，调制成味甑汁的时候千万注意。

a   b   c

图2.94

（二）鱼类前菜的制作

实训九　海味三样

目的：熟悉三种海鲜的口味与加工方法，掌握菜肴制作方法。

要求：加工的时候刀功细致，成菜的时候装盘典雅大方。

原料：竹节虾 200 克，鹌鹑蛋 50 克，香菇 5 克，黄瓜 500 克，海蜇头 150 克，白芝麻 1 克，青椒 1 只，红椒 1 只，清酒 5 克，味淋 5 克，西林鱼 100 克，蟹柳 100 克，白糖 50 克，白醋 100 克，盐 2 克，鳗鱼汁 50 克，辣酱 15 克，竹叶 1 片，鸡蛋 100 克。

学时：1 学时。

工具：切刀、不锈钢盆、小刀、塑料切板、前菜碟、竹筷、台秤、扒板。

步骤：

（1）先把大虾从虾背上切开，去沙肠。放上用鸡蛋、青椒、红椒、香菇、清酒、味淋等炒好的馅料，再在每个虾肉上面放一个鹌鹑蛋，放在烤箱内烤熟（图 2.95a）。

（2）把海蜇头用鳗鱼汁、辣酱、白芝麻凉拌好备用。

（3）把黄瓜片成大片，用白糖、白醋、盐水浸泡软，卷上西林鱼、蟹柳，用寿司席卷上挤出多余的水分，切段备用（图 2.95b）。

（4）前菜碟上分别放上三种不同口味的海鲜菜肴即可（图 2.95c）。

注意事项：菜肴制作的时候刀工要求很高，特别是片黄瓜片的时候小心别切到手。

实训十　马奶司焗生蚝

目的：了解掌握生蚝的初加工方法和焗的烹调方法的使用。

要求：熟练翘开生蚝壳，掌握生蚝加工熟的程度。

原料：生蚝 1500 克，马奶司 150 克，味淋 15 克，青酒 15 克，七味粉 5 克，竹叶 1 片，酸甜藕片 1 片，黑胡椒 1 克，盐、胡椒少许，蒜茸 5 克，蛋黄 1 个，熟海胆 5 克。

学时：1学时。

工具：蚝刀、不锈钢盆、小刀、塑料切板、前菜碟、竹筷、盐焗炉。

步骤：

（1）先把生蚝表面清洗干净，用蚝刀在生蚝壳中间翘开壳，取出肉备用。

（2）生蚝壳放入开水中煮干净后备用。

（3）马奶司和七味粉、蒜茸、蛋黄、熟海胆调和备用。

（4）生蚝肉放锅内煎到收缩，放青酒、味淋、盐、胡椒、黑胡椒等调味。

（5）把生蚝肉放回到壳里，淋上调和好的马奶司汁，入盐焗炉内烤上色。如图2.96a 和图2.96b所示。

（6）前菜碟内放竹叶、海盐再放上生蚝，装饰搭配上酸甜藕片即可（图2.96c）。

注意事项：生蚝初加工成熟的时候火候很关键，不能太熟。

菜肴照片见图2.96。

a   b   c

图2.95

a   b   c

图2.96

三、日本料理——先碗

先碗的概念就是日本料理里面的汤。在日本吃饭的时候一般和西餐差不多，是先上汤再上米饭和菜肴，因此把汤叫先碗。

日本料理的汤类有三种类别。

35

在饭前上的清汤一般叫先碗汤。先碗汤是用木鱼花的一遍汤所作，汤色清澈见底，口味清淡，并具有汤料的鲜味，汤底料很少。通常是日本料理餐厅里赠送的汤类。

其次一种叫潮汁，一般是饭前汤菜，也属于清汤类，主要以鱼类、贝类为主要原料。做这种汤一般是慢慢加热，使原料的鲜味慢慢地煮出来，不宜使用旺火，故称潮汁。汤味体现鱼、贝类本身的味道，口感特别清淡。

还有一种叫酱汤。酱汤也叫后碗汤，主要是以大酱为原料，调味使用木鱼花二遍汤。大酱一般是把两三种酱料混合在一起，如赤大酱、白大酱，也有单用白大酱做酱汤的，颜色为白色。酱汤一般都是浓汤，口味较重，一般都放入豆腐、葱花，也有放季节性海鲜品或菌类（如蘑菇等）来提高酱汤鲜味。酱汤一般与米饭一起在最后上，是最受日本人欢迎的汤之一，也是日本人一日三餐必备之物。通常高级料理都有两道汤，即清汤和酱汤。一般料理上一道酱汤即可。

（一）蔬菜先碗的制作

实训十一　味噌豆腐汤

目的：了解木鱼花一遍汤和二遍汤的区别及使用要点，掌握菜肴基本制作方法。
要求：能熟练掌握味噌汤类使用的方法和保存方法。
原料：清水1000克，味噌200克，清酒15克，味淋15克，昆布5克，木鱼花5克，味素1克，葱花5克，裙带菜5克，豆腐50克。
学时：1学时。
工具：切刀、不锈钢盆、小刀、塑料切板、汤碗、竹筷、不锈钢锅、汤锅。
步骤：
（1）先在汤锅内放入清水、昆布、木鱼花用小纱布口袋装上熬汁1小时左右（图2.97a）。
（2）小香葱切细，冲水后晾干备用。豆腐切小丁冲水备用。裙带菜发好备用。
（3）过滤好木鱼花水里放入味噌酱，打匀后放清酒、味淋、味素调味即可保温备用（图2.97b）。
（4）出汤的时候，汤碗底放葱花、豆腐、裙带菜，放热的汤即可（图2.97c）。
注意事项：放入味噌后不能熬制太久，味噌会变色失去香味。

（二）鱼类先碗的制作

实训十二　鲷鱼鱼头汤

目的：了解鲷鱼去骨基础和菜肴制作方法以及鱼类去腥的方法。
要求：掌握鲷鱼的鱼头初加工方法。

原料：鲷鱼头 500 克，清水 1000 克，清酒 15 克，味淋 15 克，昆布 5 克，味素 1 克，葱花 5 克，老姜 5 克，豆腐 50 克，盐、胡椒少许，木鱼花 5 克。

学时：1 学时。

工具：切刀、不锈钢盆、小刀、塑料切板、汤碗、竹筷、不锈钢锅、汤锅。

步骤：

（1）先把鲷鱼初加工，去内脏、鱼鳃、鱼鳞，把头切下来对开冲凉水备用（图 2.98a）。

（2）汤锅内清水、木鱼花、清酒、味淋、昆布熬制 1 小时备用（图 2.98b）。

（3）小香葱、老姜、清酒腌制鱼头 0.5 小时。

（4）汤锅内放色拉油，把鱼头煎一下，放入熬好的木鱼花汤烧开后，关很小的火熬制 2 小时后调味。

（5）先放葱花、豆腐块，再把鱼头放上一块，最后盛入清汤即可（图 2.98c）。

注意事项：鱼汤熬制的时候火候一定要很小，才能熬制出清汤。除去鱼腥味的关键是鱼头要用水冲很长时间，去掉血水和鱼汁。

a

b

c

图2.97

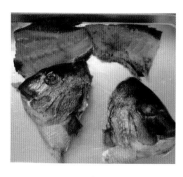
a

b

c

图2.98

（三）肉类先碗的制作

实训十三　蘑菇牛肉大酱汤

目的：了解白大酱和赤大酱的口味区别，掌握菜肴制作方法。

要求：牛肉汤料的熬制要精细，时间、火候要把握好。

原料：赤大酱 100 克，清水 1500 克，清酒 15 克，味淋 15 克，昆布 5 克，味素 1 克，葱花 5 克，老姜 5 克，豆腐 50 克，盐、胡椒少许，木鱼花 5 克，香菇 30 克，金针菇 30 克，肥牛肉 150 克，牛骨 500 克，牛肉味粉 1 克，白汤汁 1 克。

学时：1 学时。

工具：切刀、不锈钢盆、小刀、塑料切板、汤碗、竹筷、不锈钢锅、汤锅。

步骤：

（1）汤锅内放入清水、清酒、木鱼花、味淋、昆布、葱、老姜、牛骨大火熬制 2 小时备用。

（2）过滤后，放入赤大酱打匀后用牛肉味粉、白汤汁调味，放入香菇、金针菇烧开后放上肥牛片即可装碗成菜。

注意事项：牛肉汤料熬制的时间、火候要把握好，别把水分烧干。

菜肴照片见图 2.99（a、b）。

a　　　　　　　　　　　　　　　　b

图2.99

四、日本料理——刺身

刺身，也叫生鱼片。最早发源于日本江户时期，当时的日本人就喜欢食用生的鱼类，但当时大多捕捞到的是白色肉质的江河鱼类，例如，鲷鱼、鲆鱼、鲽鱼、河豚、鲈鱼等。到了日本明治时期，日本具有了远洋捕鱼能力，那时候捕捞到较多的海鱼，这些鱼类大多为深色肉质，我们一般叫红肉，如金枪鱼、鲣鱼、三文鱼等。到了近代日本人才有用龙虾、虾、蟹、贝类等原料。

刺身主要有金枪鱼、鲷鱼、偏口鱼、鲭花鱼、霸鱼、鲈鱼和虾、贝类等，其中以金枪鱼、鲷鱼为最高级。刀功上要求切好的鱼肉不能带刀痕，不能用水洗，肉中不能有刺。不同的季节食用不同的生鱼片，不同的鱼，在剔法上也不一样。切生鱼片时刀口要清晰均匀，要一刀到底，中间不能搓动，切出的鱼片还要能一片片摆齐。生鱼片的切法因材料而异，包括平切法或削切法、线切法、蛇腹法。切的薄厚要根据鱼的种类和肉块薄厚来定，太薄蘸酱油后口味重咸，吃不出味道，太厚不好咀嚼且口味淡，因此薄厚要恰到好处，这是切鱼片技术的关键。

我们一般把刺身分为红肉和白肉两种。生鱼料理在制作时要求红肉切割厚实，以突出红色鱼肉的肉质的鲜肥；例如，分割金枪鱼时为保证吃到口里突出红色肉质的鱼肉，特别是深海鱼类脂肪的鲜美、甘甜，要厚实，一般要 0.5 厘米左右。而白肉切割时比较薄，以突出白色鱼肉的肉质的鲜甜。例如，日本人最爱吃的河豚，要薄如纸，能透过鱼肉看到盘子上的花纹为好，这样切出来的白肉吃起来口感鲜甜、肉质脆嫩爽口，一般要 0.1 厘米左右。

在客人吃的时候一般是先白肉后红肉，从清淡口味到浓郁口味。由于生鱼大多是冰冷的，因此吃生鱼片要以青芥末和酱油作作料。青芥末来自于生长在瀑布下或山泉下一种极爱干净的植物——山葵，像小萝卜，表皮黑色，肉质碧绿，磨碎捏团放酱油吃生鱼片。它有一种特殊的冲鼻辛辣味，可以起到杀菌、暖胃的作用。生鱼片盘中还要点缀白萝卜丝、海草、紫苏花、甜姜片等，其中的白萝卜丝、甜姜片也有暖胃的作用和清新肠胃的作用。

日本料理的刺身在制作上要求很多，从厨师操作的刀工、杀鱼的刀法、切割的厚薄、刀工的方向、摆放的次序、颜色的搭配等各个方面都很讲究。

日本刺身拼摆独具一格，多喜欢摆成山、川、船形状，有高有低，层次分明。有人用插花来比喻刺身的拼摆，叫做"真、行、草"。"真"为主，"行"为附，"草"为装饰、点缀。摆出的刺身要有主、有次、有点缀。一份拼摆得法的刺身，犹如一件艺术佳作，色泽自然，色调柔和，情趣高雅，悦目清心，给人以艺术享受，使人心情舒畅，增加食欲。刺身的刀法和切出的形状与中餐、西餐不同。刺身加工多采用带棱角、直线条的刀法，尽量保持食品原有的形状和色泽，同时还要根据不同的季节使用不同的原料。用不同季节的树叶、松枝或鲜花点缀，既丰富了色彩，又加强了季节感。例如，秋季喜欢用柿子叶、小菊花、芦苇穗等，突出秋季的特点，同时，拼摆的数量一般用单数，偶数的"二"可以用，"四"是绝对不能用的，原因是"四"与日语"死"的发音相同。一般多采用三种、五种、七种。各种菜点要摆成三角形，如果三种小菜即采用一大二小，五种则采用二大三小，看起来是三角形。在菜的拼摆颜色上要注意红、黄、绿、白、黑协调。

鱼片不是切得长方形就行，一刀一片，都要有长年的经验，根据鱼肉的纹理和厚度，切出来的水平有天渊之别。鱼肉上略有的筋络之处，还要讲究几刀断之，不但花纹漂亮，更要有入口即化的口感。

另外，日本料理的刺身并不一定都是完全的生食，有些刺身料理也会稍微经过加热处理，例如，把鱼腹肉经由炭火略为烤制一下，先把鱼腹油脂经过烘烤让其散发出香味，立刻浸入冰中，再切片食用，口感极佳。或者是用热水浸烫，先把生鲜鱼肉以热水略烫过后，浸入冰水中，让其急速冷却，取出切片，即会呈现表面熟但内部生的刺身，口感与味觉上会有另一种风味。

 相关知识

　　刺身是来自日本的一种传统食品，最出名的日本料理之一，它将鱼（多数是海鱼）、乌贼、虾、章鱼、海胆、蟹、贝类等肉类利用特殊刀工切成片、条、块等形状，蘸着山葵泥、酱油等作料，直接生食。中国一般将"刺身"叫做"生鱼片"，因为刺身原料主要是海鱼。刺身实际上包括了一切可以生吃的肉类，甚至有马肉刺身、牛肉刺身。在 20 世纪早期，冰箱尚未发明前，由于保鲜原因，很少有人吃刺身，只在沿海比较流行。

　　刺身最常用鱼有金枪鱼、鲷鱼、比目鱼、鲣鱼、鲈鱼、鲻鱼等海鱼；也有鲤鱼、鲫鱼等淡水鱼。在古代，鲤鱼曾经是做刺身的上品原料，而现在刺身已经不限于鱼类原料了，像螺、蛤类（包括螺肉、牡蛎肉和鲜贝），虾和蟹，海参和海胆，章鱼、鱿鱼、墨鱼、鲸鱼，还有鹿肉和马肉，都可以成为制作刺身的原料。在日本，吃刺身还讲究季节性。春吃北极贝、象拔蚌、海胆；夏吃鱿鱼、鲡鱼、池鱼、鲣鱼、池鱼王、剑鱼、三文鱼；秋吃花鲢、鲣鱼；冬吃八爪鱼、赤贝、带子、甜虾、鲡鱼、章红鱼、油甘鱼、金枪鱼、剑鱼。

实训十四　刺身拼盘

目的：了解刺身制作的基础方法和鱼肉分割的基础知识。

要求：掌握菜肴制作方法和日本刺身制作装盘的风格和刀法。

原料：三文鱼 150 克，金枪鱼 150 克，鲷鱼 150 克，鳗鱼 150 克，大虾 150 克，鱿鱼 150 克，蟹柳 150 克，西岭鱼 150 克，白金枪 150 克，柠檬 1 个，北极贝 150 克，八爪鱼 150 克，白萝卜 500 克，甜姜片 50 克，竹叶 1 片，日本酱油 50 克，青芥末 50 克，白芝麻 1 克，紫苏叶 15 片。

学时：1 学时。

工具：切刀、不锈钢盆、小刀、塑料切板、竹签、木板、漆盒、碎冰机。

步骤：

（1）把各种鱼肉按红、白肉要求分别切割好（图 2.100a～图 2.100c）。

（2）大虾用竹签串好，煮熟，去壳切对半开，用寿司醋泡好备用。

（3）鳗鱼切菱形片烤热后撒上白芝麻备用。白萝卜切丝冲水备用。

（4）漆盒内放打碎的冰，放竹叶或紫苏叶，再放上白萝卜丝，最后放上分割好的各种鱼肉即可，配上青芥末、甜姜片即可。

注意事项：关键是分割鱼肉和切割鱼肉的刀法。

菜肴照片见图 2.100（d～f）。

a　　　　　　　　　　　b　　　　　　　　　　　c

d

e　　　　　　　　　　　　　　　f

图2.100

五、日本料理——煮物

煮物就是烩煮料理的意思，一般是把两种以上材料，煮制后分别保持各自的味道，配置放在一起的菜，主要代表是关东、关西派，用合乎时令的鱼类、蔬菜，加上木鱼花汤、淡口酱油、酒，微火煮软，煮透，口味一般甜口，极清淡。

煮物大致分为白煮、红煮、照煮、泡煮、甘露煮。

（1）白煮，其作用在于保持菜的原味（不能加酱油），一般将木鱼花用布包上放入锅中一起煮，以增加汤的浓味，煨到菜中去。

（2）泡煮，即把汆好的蔬菜，泡在对味的木鱼花汤中入味，以保证菜的颜色。一般以绿色蔬菜为主。

（3）红煮，即用放酱油的汤来煮菜，所做成的菜的颜色为红色，深浅由所放酱油来调配。

（4）照煮，是一种甜味较重、酱油中加入味淋酒和糖的煮物，煮好后菜发红发亮。

（5）甘露煮，指用糖水煮的东西。

煮物类的菜中，鱼类、蔬菜、肉类、鸡、贝类、干果等制成酒菜、冷菜、热菜都可以，但有一个规则，白煮类的汤要比红煮的汤多，以淹过所煮之物为准。红煮的一般汤较少，尤其是照煮，一般汁要全部进入菜中。两者共同之处是一般都以微火为主，一定要煮软、煮透，口味一般以甜口，微重。

除以上煮法和口味以外，还有一些地方风味的煮物，如关东杂煮（又称东京杂煮）和关西杂煮（又称上方杂煮）等，也是日本人民所喜爱吃的煮菜。

（一）蔬菜煮物的制作

实训十五　关　东　煮

目的：掌握关东煮的基本概念和制作方法。

要求：掌握调制基础汤的方法和配菜品种规格。

原料：关东酱 300 克，清水 3000 克，清酒 30 克，味淋 30 克，昆布 5 克，味素 10 克，葱花 15 克，老姜 25 克，豆腐 150 克，盐、胡椒少许，木鱼花 15 克，香菇 50 克，金针菇 50 克，鱿鱼饼 50 克，墨鱼丸 50 克，贡丸 50 克，蟹肉丸 50 克，黄金饼 50 克，虾饼 50 克，鱼饼 50 克，炸豆腐 50 克，马蹄 50 克，冻豆腐 50 克，竹签 50 根，辣酱 150 克。

学时：1 学时。

工具：切刀、不锈钢盆、小刀、塑料切板、竹签、木板、漆盒、碎冰机。

步骤：

（1）用关东酱、清水、清酒、味淋、昆布、味素、葱花、老姜、熬制基础汤汁，再用盐、胡椒调味备用。

（2）把各种肉丸、肉饼用竹签串好备用。豆腐、蘑菇等也串好备用。

（3）把调制好的汤汁倒入关东煮锅内，分别把各种串放入煮好即可。

（4）吃的时候，取出肉串，蘸辣酱即可。

注意事项：由于各种肉串的成熟的时间不一，要特别注意放入的先后次序。

基础汤调制的口味要比较浓郁，肉串才容易入味。

菜肴照片见图2.101（a~c）。

a　　　　　　　　　　b　　　　　　　　　　c

图2.101

（二）鱼类煮物的制作

实训十六　南瓜煮鲍鱼

目的：了解甜味煮物的烹调方法和调制基础。

要求：掌握海鲜里的鲍鱼基础加工和软硬度。

原料：鲍鱼500克，清水3000克，清酒30克，味淋30克，昆布5克，味素10克，葱花15克，老姜25克，盐、胡椒少许，香菇50克，木鱼花15克，南瓜300克，黑鱼子10克，西兰花50克，白糖15克，酱油30克。

学时：1学时。

工具：切刀、不锈钢盆、小刀、塑料切板、竹签、木板、漆盒、碎冰机。

步骤：

（1）先把鲍鱼初加工，把鲍鱼肉取出后清洗干净后备用（图2.102a）。

（2）锅内放清水、清酒、味淋、昆布、葱花、老姜、香菇、木鱼花、日本酱油等，调制好味，放入鲍鱼，小火煮制3小时后备用（图2.102b）。

（3）南瓜连皮雕刻成花叶，放入鲍鱼汤汁内，加入白糖浓缩成汁后装盘。

（4）煮物碗内放上熟的西兰花和南瓜叶子装饰，再放上鲍鱼，顶上装饰一点黑鱼子即可（图2.102c）。

注意事项：鲍鱼韧性很强，要煮制时间长一点才行，注意别把水烧干。

a   b   c

图2.102

六、日本料理——烧物

烧物也就是烧烤的意思，主要是用明火或暗火来烤制食物，这样烤出来的食物一般带点焦香味。在日本料理中烧物也可以按烹调原料方法的不同分为盐烤、海胆烤、照烧、蛋黄烤、田烤、姿烧、石烧、烧鸟等。

盐烤：就是根据不同季节把海鲜鱼类直接撒上盐来烧烤，菜肴出来后口味鲜美、自然。例如，盐烤秋刀鱼、盐炬三文鱼头等菜肴。

海胆烤：利用调制好口味的海胆酱或是将海胆直接涂在鱼或虾上面去烧烤，这样烧烤出的菜肴口味更加鲜美，带有浓郁的海胆的鲜甜甘美。例如，海胆烤龙虾、海胆烤雪鱼等菜肴。

照烧：即用酱油、糖、味淋、清酒、姜、葱等调配的一种汁腌制原料，然后上火烤，边烤边刷上酱油汁，烤出的菜肴颜色红亮有光泽。"照"是发光的意思。例如，日本照烧鸡、照烧牛扒等菜肴。

蛋黄烤：即涂上以蛋黄调制的汁后烤制的一种烹调方法，特别是近代发展成为是使用西餐的马奶司汁和蛋黄调和后来烤烧食物。烤出的菜肴一般口感细腻、滑嫩爽口。

姿烧：即把整条鱼用竹签定型使它成弯曲形状或是烤海螺利用海螺壳的外形，给人以外形姿势美观的形象，通常采用暗火烤，如松前烤、用海带垫底烤等。例如，姿烧多春鱼、香鱼姿烧等菜肴。

蒲烧：即一种先把鱼切开并剔骨之后，再淋上以酱油为主的甜辣佐料，串上竹签去烧烤的日本料理方式。一般比较常见的多是以鳗鱼烧烤而成，不过也有采用秋刀鱼、海鳗、泥鳅、弹涂鱼等鱼类，其中鳗鱼或是秋刀鱼的烧烤料理比较常见。

相关知识

石烧，是将牛排放在烫石上烧熟，蘸鲜酱油食用。日本培育出一种牛，肉质柔软得能用筷子剥裂，入口就化，鲜嫩异常。这种神户牛和松阪牛，在国际上享有盛誉，但价格不菲。

烧鸟，是将鸡肉切成片串在细竹签上，蘸上酱油、糖、料酒等配制的味汁，放在火上烤，也有用鸡或猪内脏作原料，不过传统上都称烧鸟，它价格便宜，不少人喜欢当作下酒菜。"烧鸟屋"在日本各地都可见到。

45

（一）蔬菜烧物的制作

实训十七　味噌烧茄子

目的：了解味噌的口味与品质鉴定，熟悉菜肴制作的过程和烹调方法。

要求：掌握使用日本味噌烹调食物的调味知识。

原料：味噌 30 克，茄子 500 克，香葱 5 克，木鱼花 1 克，姜末 2 克，芝麻 1 克，味淋 5 克，清酒 2 克，日本麻油 1 克。

学时：1 学时。

工具：切刀、不锈钢盆、小刀、塑料切板、木板、烧物烤箱、炬炉、木刷。

步骤：

（1）选用上好的长茄或圆茄对开两半，在上面切上十字刀口备用（图 2.103a）。

（2）味噌用味淋、清酒、日本麻油、适量水调和软化，能刷在茄子上面。

（3）在有刀口的茄子上刷上味噌汁，入烧物烤箱烤熟即可出炉装盘。

（4）盘上装饰酱末，放烤好的茄子，再撒上葱花、木鱼花、白芝麻即可，如图 2.103b 和图 2.103c 所示。

注意事项：如没有日本麻油可以使用香油加沙拉油调制。

a　　　　　　　　　　b　　　　　　　　　　c

图2.103

（二）鱼类烧物的制作

实训十八　盐烧三文鱼头

目的：了解和熟悉关于盐烧的基础知识和烧物的烹调设备的使用。

要求：能按骨骼处理三文鱼头，并且烧烤成熟。

原料：三文鱼头 500 克，清酒 15 克，味淋 15 克，柠檬 1 个，岩盐 5 克，竹叶 1 片，酸甜藕片 1 片，白芝麻 1 克，日本酱油汁 50 克。

学时：1 学时。

工具：切刀、不锈钢盆、小刀、塑料切板、木板、烧物烤箱、炬炉、木刷。

步骤：

（1）先把三文鱼头清洗干净，用清水多冲洗去鱼腥味（图 2.104a）。

（2）按骨骼砍开三文鱼头，撒上清酒、味淋、柠檬汁、岩盐放在烤架上入烧物烤箱烤熟即可（图 2.104b）。

（3）盘上放竹叶装饰，再把烤好的三文鱼头摆上，配酸甜藕和柠檬角、白萝卜泥，出菜时配日本酱油汁（图 2.104c）。

注意事项：三文鱼可以生吃，但是作为烤物菜肴必须烤熟。

　　　　　a　　　　　　　　　　　　　b　　　　　　　　　　　　　c

图2.104

实训十九　盐烧秋刀鱼

目的：熟悉关于盐烧的基础知识和烧物的烹调设备的使用。

要求：掌握秋刀鱼的加工去内脏的方法和菜肴制作方法。

原料：秋刀鱼 500 克，清酒 15 克，味淋 15 克，柠檬 1 个，岩盐 5 克，竹叶 1 片，酸甜藕片 1 片，白芝麻 1 克，日本酱油汁 50 克。

学时：1 学时。

工具：切刀、不锈钢盆、小刀、塑料切板、木板、烧物烤箱、焗炉、木刷。

步骤：

（1）先把秋刀鱼清洗加工，用竹筷从秋刀鱼口中把内脏取出来。

（2）秋刀鱼两面撒上清酒、味淋、柠檬汁、岩盐放在烤架上入烧物烤箱烤熟（图2.105a）。

（3）盘上放竹叶装饰，再把烤好的秋刀鱼摆上，配酸甜藕和柠檬角、白萝卜泥，出菜时配日本酱油汁（图2.105b）。

注意事项：为方便厨房出菜时不用烹调太长时间，通常要把秋刀鱼先烹调熟备用，有单的时候再稍微烤热即可出菜。

a

b

图2.105

（三）肉类烧物的制作

实训二十　照　烧　鸡

目的：了解照烧的烹调方法和调味汁的制作方法。

要求：掌握烧物的制作方法和风格变化以及鸡肉的加工处理。

原料：鸡腿 500 克，大葱 50 克，香菇 5 克，清酒 5 克，味淋 5 克，白芝麻 1 克，米饭 100 克，照烧汁 100 克，烤肉汁 30 克，蜂蜜 5 克，西兰花 15 克。

学时：1 学时。

工具：切刀、不锈钢盆、小刀、塑料切板、竹签、烧物烤箱、焗炉、木刷。

步骤：

（1）鸡腿去骨，剁筋切十字刀口备用。

（2）照烧汁、烤肉汁调和加入清酒、味淋、白芝麻、蜂蜜，刷在鸡肉两面，放入烤物烤箱内烤熟后取出（图2.106a）。

（3）米饭碗内先盛上米饭，再放上烤好的鸡肉，撒上白芝麻和大葱丝即可

（图 2.106b）。

（4）照烧鸡肉串是把腌制好的鸡肉和大葱段串上烤熟即可（图 2.106c）。

注意事项：照烧鸡肉串和照烧鸡配米饭烹调方法和制作方法一样。

a   b   c

图2.106

七、日本料理——扬物

扬物其实就是炸制的食物。在日本料理中最著名的扬物就是炸天妇罗。天妇罗是一种特别的油炸食物，主要以鱼、虾和各种蔬菜调和特制的天妇罗粉来炸。要求制作的油十分干净，制作的手法特别，炸好的天妇罗外酥里嫩，颜色淡黄。吃的时候配上专门制作的天妇罗汁和萝卜泥。天妇罗菜肴酥脆可口，十分受老人和小孩的喜爱。

用面糊炸的菜统称为天妇罗，便餐、宴会都可以上。天妇罗的烹制方法来源于中国，名字来自荷兰，已经大约有 150 年的历史。天妇罗的烹制方法是，将原料蘸上蛋黄兑冷水和面粉，放油中炸。调好的面糊叫天妇罗衣。和面衣用的面粉，日语叫薄力粉，就是面筋少的面粉。面筋多的面粉黏性大，这样的面糊炸成的天妇罗衣较厚，挂糊不符合要求，影响口味。故调制好面衣是炸好天妇罗的关键之一。

油温过低或过高对天妇罗质量都有影响。掌握油温的方法是用筷子蘸面糊甩入油锅，观察面糊在锅中的情况。面糊下沉锅底，马上又回升油面，油温约160℃；面糊沉到油的中间后再上升到油面，油温约170℃；面糊甩入油中微微下沉，随即上升油面，油温约180℃。掌握好油温，才能保证炸出来的菜颜色漂亮，香脆可口，对天妇罗的要求是：以挂衣越薄越好，越热越香，现吃现炸。吃时配以天汁（专门蘸天妇罗吃的一种汁）、萝卜泥、柠檬、盐等。

天妇罗以鸡蛋面糊炸的最多、最普遍，此外，还有一些别的做法和炸法：

（1）春雨炸，外表蘸一层爆粉丝的炸菜。

（2）金妇罗，用荞麦面调面糊，因荞麦面呈褐色，故叫金妇罗。

（一）蔬菜扬物的制作

实训二十一　蔬菜天妇罗

目的：了解油温控制的方法和技巧，掌握鉴别油温的几个阶段特点。

要求：掌握调制天妇罗酱汁的浓稠和菜肴制作手法。

原料：天妇罗粉 500 克，南瓜 100 克，红薯 100 克，白萝卜 20 克，味淋 15 克，清酒 15 克，木鱼花 15 克，清水 1000 克，鳗鱼汁 5 克，海鲜酱 5 克，昆布 5 克，日本酱油 15 克，香葱 5 克，姜 1 克，味素 1 克，发菜 1 克，茄子 100 克，金针菇 50 克，青椒 15 克，红椒 15 克，西兰花 15 克，白糖 5 克，白芝麻 1 克，日本麻油 1 克，七味粉 1 克，干香菇 2 克，紫菜 1 克，鸡蛋 1 个。

学时：1 学时。

工具：切刀、不锈钢盆、小刀、塑料切板、炸炉、炸锅。

步骤：

（1）把各种蔬菜原料切配好，沾干天妇罗粉备用。

（2）天妇罗粉加鸡蛋和清水调和浓稠备用。

（3）把各种调味料调制成天妇罗汁备用。

（4）油烧至四成热（图 2.107a），把蔬菜原料沾上天妇罗酱汁放入炸熟即可，取出放在吸油纸上，吸去多余油脂（图 2.107b）。

（5）天妇罗竹篮内放上一张吸油纸，再把各种炸好的蔬菜放上，配天妇罗汁和少许白萝卜泥（图 2.107c）。

注意事项：蔬菜原料在炸制的时候要注意下锅的先后次序，西兰花熟得很快，红薯、南瓜要长时间炸制才能变软食用。

a　　　　　　　　　　b　　　　　　　　　　c

图2.107

（二）鱼虾类扬物的制作

实训二十二　虾天妇罗

目的：了解油温控制的方法和技巧，掌握鉴别油温的几个阶段特点。

要求：掌握调制天妇罗酱汁的浓稠和菜肴制作手法。

原料：天妇罗粉 500 克，南瓜 50 克，红薯 50 克，白萝卜 20 克，味淋 15 克，清酒 15 克，木鱼花 15 克，清水 1000 克，鳗鱼汁 5 克，海鲜酱 5 克，昆布 5 克，日本酱油 15 克，香葱 5 克，姜 1 克，味素 1 克，发菜 1 克，茄子 50 克，金针菇 20 克，青椒 15 克，红椒 15 克，西兰花 15 克，白糖 5 克，白芝麻 1 克，日本麻油 1 克，七味粉 1 克，干香菇 2 克，紫菜 1 克，鸡蛋 1 个，大虾 500 克。

学时：1 学时。

工具：切刀、不锈钢盆、小刀、塑料切板、炸炉、格茜、炸锅。

步骤：

（1）把各种蔬菜原料切配好，沾干天妇罗粉备用。

（2）天妇罗粉加鸡蛋和清水调和好浓稠备用。

（3）把各种调味料调制成天妇罗汁备用。

（4）大虾去头、壳，留虾尾。把虾身两边切花刀，用手挤压变长后沾干粉（图 2.108a）。

（5）油烧至四成热，把蔬菜原料沾上天妇罗酱汁放入炸熟即可，取出放在吸油纸上，吸去多余油脂。

（6）油锅内拉天妇罗酱汁成碎片，大虾沾湿酱后沾好（图 2.108b）。

（7）天妇罗竹篮内放上一张吸油纸，先把各种炸好的蔬菜放上，再放上大虾，配天妇罗汁和少许白萝卜泥（图 2.108c）。

注意事项：沾虾的技巧、手法很重要，但是关键是油温的掌握。

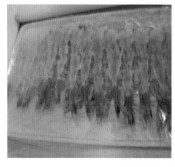

a　　　　　　　　　　　b　　　　　　　　　　　c

图2.108

八、日本料理——蒸物

蒸物在日本料理菜单里很多时候是和煮物写在一起，日本人最喜欢吃的一道菜肴是茶碗木须。茶碗木须就是加有其他原料的蒸蛋羹，一般放有大虾、肉丸、蘑菇、豆腐等原料，菜肴清新、鲜甜甘美、嫩滑、造型别致。茶碗木须也多种多样，里面所放的东西不一，但烹制的基本要领在于要微火慢蒸，菜的表面要完整光亮，颜色美观。

实训二十三　海鲜豆腐

目的：掌握蒸物的制作方法和技巧，了解菜肴的特色风味。

要求：蒸的火候必须掌握好，豆腐要滑嫩鲜美。

原料：豆腐 500 克，青豆 50 克，大虾 25 克，蟹柳 25 克，清酒 5 克，味淋 5 克，昆布 5 克，木鱼花 5 克，豆粉 5 克，香菇 5 克，葱 1 克，鱼干丝 5 克，姜 1 克，盐、胡椒适量。

学时：1 学时。

工具：切刀、不锈钢盆、小刀、塑料切板、竹签、木板、蒸箱、茶碗。

步骤：

（1）先把豆腐用清水冲好，放小茶碗内备用。

（2）再把青豆汆水冲冷备用。

（3）锅内放清水、香菇、清酒、味淋、木鱼花、昆布、姜、葱熬制 0.5 小时。

（4）熬制好的汁里放大虾、蟹柳、青豆，调味后勾水豆粉成汁备用。

（5）茶碗里的豆腐放蒸箱内蒸热（图 2.109a），淋上海鲜汁（图 2.109b），撒鱼干丝即可（图 2.109c）。

注意事项：豆腐蒸热即可，切不可蒸的太久变老，也可以加点热水蒸。

a　　　　　　　　　b　　　　　　　　　c

图2.109

九、日本料理——寿司

寿司也叫四喜饭。传说是在战争中逐步形成，开始时是为了在行军打仗的时候方便食用和保鲜，人们发现在米饭中加入白醋可以保持米饭长时间不会变质，后来发展为加入白糖、米林、清酒、柠檬、海苔等风味，再用手握成饭团放上到处可以捕捞到的生鱼片等即可食用，再后来发展为把米饭、蔬菜、鱼类卷在海苔里面，于是形成了寿司（图 2.110）。

其中寿司按制作的方法又分为手握寿司和箱式寿司两种。手握寿司就是厨师每次只做一个，表现厨师的技巧和手法。箱式寿司是把海苔、米饭和各种鱼类放在一个方木格内成型，大块分割，其产量大。寿司的另一个特点是卷。根据米饭在海苔里面叫内卷，米饭在海苔外面叫外卷。直接卷好成一个冰淇淋筒的形状叫手卷。卷上很多东西，外面包裹上其他鱼类叫大卷。饭团是把调好味的米饭和各种鱼类或是蔬菜或是腌制的水果包在海苔里面，做成一个大饭团。一般一个饭团就是一个人的食用分量。

目前国际上最流行的是寿司吧，就是在一个酒吧式的台边用餐，客人可以看见厨师现场表演制作。一边看厨师的手艺，一边吃饭，一边和厨师聊天，相当自由，所以现在十分流行。

AJI 寿司
因为味道鲜美所以叫它"阿吉"（日本的风味）。因西餐逐渐增多，找天然的"阿吉"很不容易。

穴子寿司
一年四季都可以吃到，气味清新，味道鲜美，最适合夏天食用。

KOHADA 寿司
是指斑点鱼中，大的叫 KOHADA。

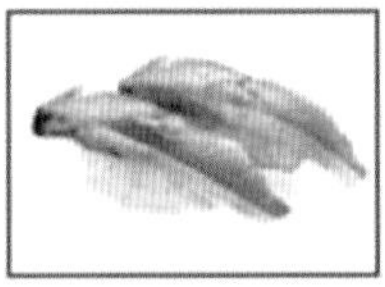

鲭寿司
在冬天具有代表性的鲜鱼是鲭鲐。

鲷寿司
鲷鱼色彩鲜明，味道鲜美，是有喜庆家宴时吃的美味。

金枪鱼寿司
金枪鱼脂肪最多的部分是寿司中最高级的部分。

鲔寿司
具有高脂肪的金枪鱼，是最适合在冬天吃的美味。

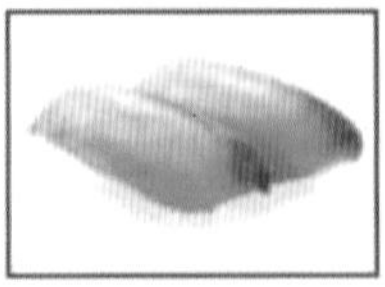

鲂鱼寿司
这种寿司是用小鲂鱼制成。

平目寿司
和鲽鱼很相似，比偏口鱼类高级的一种鲜鱼。

青柳寿司
它的皮很薄，很容易破碎，所以给它起了个名字："傻瓜鱼贝"。

图 2.110

赤贝寿司
一年四季都有，但在冬天或初春的时候味道最鲜美。

鲍寿司
食用鲍鱼有 4 种。其中可生吃的是 Kuro-awabi，Ezo-awabi，熟吃的鲍鱼中最好的是 Kawa-asabi 和 Egai-awabi。

KOBASIRA 寿司
是鱼贝中最经典的肉制成。

鸟贝寿司
因为它的脚与鸟的脚一样，又类似于鸡脚，所以起名叫鸟贝。

蛤寿司
蛤生活在浅海区的沙子下面。

帆立贝寿司
帆立贝在日本东北，北海道地方的海里生活。

IKURA 寿司
在鲜鱼卵放些盐的食品，IKURA 在俄语中是鲜鱼卵的意思。

卵寿司
在寿司饭上放蛋，然后用紫菜从中间包好。

河童卷寿司
在紫菜里只包上黄瓜，据说，传说中的动物河童非常喜欢黄瓜，所以起名叫河童卷。

铁火卷寿司
在紫菜里包上生金枪鱼，象刚出熔炉的铁，因为金枪鱼是红色，所以起名叫铁火卷。

太卷寿司
类似于韩国的紫菜卷，在紫菜里放寿司材料和寿司饭制成。

甘海老寿司
甜味虾制成的寿司。

乌贼寿司
用乌鱼制成的寿司，吃起来很脆，很爽口。

海胆寿司
海胆制成的寿司，从春天开始到夏天，味道最好。

海老寿司
把虾先煮熟之后浸在醋里做成。最近很多店多用生虾制成。

SYAKO 寿司
从春天到初夏是海刺蛄的产卵期，这时味道非常鲜美，市面上很难买到。

蛸寿司
有用生的八爪鱼制成的寿司，但大部分都是用熟的制成。

KANPASI 寿司
从上面看它的头部象黑色的八字，所以在关东起了这个名字。

图 2.110（续）

（一）鱼类寿司的制作

实训二十四　水滴形寿司

目的：掌握寿司的制作手法和调制寿司醋的方法。

要求：了解各种寿司种类的制作和调和寿司米饭的方法。

原料：三文鱼200克，金枪鱼200克，鳗鱼200克，蟹柳200克，鱿鱼50克，西林鱼200克，白金枪200克，八爪鱼200克，鲷鱼200克，马鲛鱼50克，白萝卜500克，黄瓜500克，柠檬150克，紫苏叶5克，牛油果200克，生菜50克，白糖150克，白醋150克，味淋50克，清酒50克，白芝麻50克，红鱼子50克，海苔1包，昆布5克，珍珠大米2500克，大根200克，日本酱油100克，青芥末50克。

学时：1学时。

工具：切刀、不锈钢盆、小刀、塑料切板、竹签、木板、漆盒、碎冰机。

步骤：

（1）先煮米饭。

（2）调制寿司醋：白糖、白醋、昆布、柠檬、清酒、味淋。

（3）初加工好各种鱼类和蔬菜。

（4）煮好的米饭取出后降温，调和成寿司米饭，保温备用。

（5）按要求切割好鱼类，制作成单个寿司，装盘即可。

注意事项：调制好的寿司醋最好三天后使用，风味更佳。

菜肴照片见图2.111（a~c）。

a　　　　　　　　　　b　　　　　　　　　　c

图2.111

（二）寿司卷的制作

实训二十五　寿　司　卷

目的：掌握寿司的制作手法和调制寿司醋的方法。

要求：了解各种寿司种类的制作和调和寿司米饭的方法。

原料：三文鱼 200 克，金枪鱼 200 克，鳗鱼 200 克，蟹柳 200 克，鱿鱼 50 克，西林鱼 200 克，白金枪 200 克，八爪鱼 200 克，鲷鱼 200 克，马鲛鱼 50 克，白萝卜 500 克，黄瓜 500 克，柠檬 150 克，紫苏叶 5 克，牛油果 200 克，生菜 50 克，白糖 150 克，白醋 150 克，味淋 50 克，清酒 50 克，白芝麻 50 克，红鱼子 50 克，海苔 1 包，昆布 5 克，珍珠大米 2500 克，大根 200 克，日本酱油 100 克，青芥末 50 克。

学时：1 学时。

工具：切刀、不锈钢盆、小刀、塑料切板、竹签、木板、漆盒、碎冰机。

步骤：

（1）先煮米饭。

（2）调制寿司醋：白糖、白醋、昆布、柠檬、清酒、味淋。

（3）初加工好各种鱼类和蔬菜。

（4）煮好的米饭取出后降温，调和成寿司米饭，保温备用。

（5）按要求切割好鱼类，制作成各种类型的寿司卷，装盘即可，操作步骤如图 2.112（a~f）所示。

注意事项：调制好的寿司醋最好三天后使用，风味更佳。

a

b

c

d

e

f

图2.112

十、日本料理——锅物

锅物其实就是日本火锅，是从 19 世纪后半期以后才开始普及。这道菜肴在日本是人人喜爱吃的菜，也是一个比较著名的能体现日本风味的典型菜肴，主要是以牛肉、蔬菜（大白菜、菠菜、豆腐、粉丝、大葱、蒿子秆等）为主。用酱油和糖、木鱼花等调料，口味甜咸，肉煮嫩一点蘸生鸡蛋吃。

锅物菜肴也分关东、关西两种，关东的是把汁兑好，关西的是将调料放在桌子上，食者自己来调味。牛肉火锅是江户末期、明治初期在古代"锄烧"菜的基础上受欧美影响而产生的，至今大约有 100 多年的历史。"锄烧"其原意据说是古代人们把锄在火上烧热，烤野猪肉片吃，逐步发展到现在以牛肉为主的火锅。锄烧的种类，不仅限于牛肉，凡是薄切的肉类，包括鸡、野味、猪肉配上作料用平底锅的烹调吃法都统称为锄烧。

现在的料理餐厅一般用专门的器具——铁锅来盛菜，这种铁锅要先放在火上烧热后，放在一个垫有木板的盘子上。不过对日本人来说，称牛肉火锅为锄烧已为习惯叫法，前面不加牛肉二字，人们也能理解为牛肉火锅，但其他火锅在火锅前必须加上原料名字，才能区别于牛肉火锅。

（一）鱼类锅物的制作

实训二十六　海鲜粉丝锅

目的：掌握锅物的制作方法和独特的器具的使用方法。

要求：各种海鲜摆放精美，掌握上菜速度的技巧，运用适当。

原料：豆腐 50 克，大虾 50 克，粉丝 50 克，瓢儿白 30 克，金针菇 15 克，蛤蜊 50 克，香菇 15 克，茼蒿菜 5 克，鳜鱼 500 克，豆芽 50 克，清水 2000 克，清酒 15 克，味淋 15 克，昆布 5 克，味素 1 克，白汤汁 1 克，日本酱油 5 克，鸡蛋 1 只，胡萝卜 50 克，芥末 5 克，白萝卜泥 5 克，葱 5 克，姜 5 克，蟹柳 50 克，鱼饼 50 克，木鱼花 5 克。

学时：1 学时。

工具：切刀、不锈钢盆、小刀、塑料切板、竹签、木板、漆盒、铁锅。

步骤：

（1）先用清水、味淋、昆布、木鱼花、味素、清酒、日本酱油、姜、葱、白汤汁等熬制成基础汤备用。

（2）粉丝提前用冷水泡好，放在铁锅内。倒入适量的基础汤料，调味。

（3）把各种海鲜和豆腐、蔬菜切割好，摆放整齐即可。

（4）烧开后，放一个鸡蛋黄，撒葱花即可，出菜时单配调味碟。

注意事项：可以调味成海鲜味，也可为酱油和辣酱味，也可以用味增调味。

菜肴照片见图 2.113 （a~c）。

a   b   c

图2.113

（二）肉类锅物的制作

实训二十七　牛肉粉丝锅

目的：掌握锅物的制作方法和独特的器具的使用方法。

要求：各种原料摆放精美，掌握上菜速度的技巧，运用适当。

原料：炸豆腐 50 克，粉丝 50 克，瓢儿白 30 克，金针菇 15 克，豆芽 50 克，香菇 15 克，茼蒿菜 5 克，清水 2000 克，清酒 15 克，味淋 15 克，昆布 5 克，味素 1 克，白汤汁 1 克，日本酱油 5 克，鸡蛋 1 只，胡萝卜 50 克，芥末 5 克，白萝卜泥 5 克，葱 5 克，姜 5 克，木鱼花 5 克，肥牛片 300 克。

学时：1 学时。

工具：切刀、不锈钢盆、小刀、塑料切板、竹签、木板、漆盒、铁锅。

步骤：

（1）先用清水、味淋、昆布、木鱼花、味素、清酒、日本酱油、姜、葱、白汤汁等熬制成基础汤备用。

（2）粉丝提前用冷水泡好，放在铁锅内。倒入适量的基础汤料调味。

（3）把豆腐、蔬菜切割好，摆放整齐即可。

（4）烧开后，整齐的摆放上肥牛片和一个鸡蛋黄，撒葱花即可，出菜时单配调味碟（芥末、白萝卜泥、酱油）。

注意事项：可以调味成海鲜味，也可调成酱油和辣酱味，也可以用味噌调味。

菜肴照片见图 2.114（a~c）。

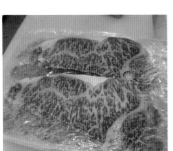  

| a | b | c |

图2.114

十一、日本料理——铁板烧

日本料理菜肴里的铁板烧是一种接近表演的烹调过程，一般是很高级的料理亭才有厨师表演烹调技巧，铁板料理厨师站在铁板台前当着客人表演各种菜肴。从菜肴原料切割、烹饪、调味、装盘等一气呵成。客人除了享受美味的菜肴更重要的享受料理师烹调菜肴带来的手法、技巧的表演艺术，如图 2.115（a~e）所示。

| a | b | c |

d   e

图2.115

（一）鱼类铁板烧的制作

实训二十八 大虾铁板烧

目的：掌握铁板菜肴制作基本动作要领和少司制作技术。

要求：熟练切割大虾，掌握黄油少司的制作要领和调味风格。

原料：帝王虾 500 克，清酒 30 克，西兰花 30 克，香菇 30 克，黄油 50 克，淡口酱油 50 克，盐、胡椒适量，烧烤汁 30 克，柠檬 50 克。

学时：1 学时。

工具：切刀、不锈钢盆、小刀、塑料切板、竹签、陶瓷盘、铁板、铁板盖。

步骤：

（1）先把帝王虾头取下，打开头上的壳，清洗。虾身对开，去壳和沙肠（图 2.116a）。

（2）香菇、西兰花初加工好备用。

（3）铁板上放黄油，烧烤大虾头和虾肉。旁边放少许黄油、淡口酱油、清酒、烧烤汁等，通过受热浓缩后成少司。

（4）香菇、西兰花扒热后装盘，再放上大虾，淋上浓缩好的少司即可（图 2.116b）。

注意事项：浓缩少司速度要快，动作要熟练。

a   b

图2.116

（二）肉类铁板烧的制作

实训二十九 铁板雪花牛肉

目的：掌握铁板菜肴制作基本动作要领和少司制作技术。

要求：掌握雪花牛肉的加工基础，掌握黄油少司的制作要领和调味风格。

原料：雪花牛肉 500 克，清酒 30 克，西兰花 30 克，香菇 30 克，黄油 50 克，淡

口酱油 50 克，盐、胡椒适量，烧烤汁 30 克，柠檬 50 克，蒜末 15 克，金针菇 50 克，香葱 5 克。

学时：1 学时。

工具：切刀、不锈钢盆、小刀、塑料切板、竹签、陶瓷盘、铁板、铁板盖。

步骤：

（1）先把雪花牛肉刨成薄片，撒盐、胡椒后卷上金针菇备用。

（2）香菇、西兰花初加工好备用。

（3）铁板上放黄油，烧烤牛肉卷。旁边放少许黄油、淡口酱油、清酒、烧烤汁等，通过受热浓缩后成少司。

（4）香菇、西兰花扒热后装盘，再放上牛肉卷，淋上浓缩好的少司即可。

注意事项：浓缩少司的时候速度要快，动作要熟练。

菜肴照片见图 2.117（a~c）。

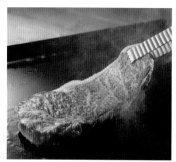

a　　　　　　　　　b　　　　　　　　　c

图2.117

第三章 ↘
韩国料理制作

第一节　韩国料理概述

　　韩国料理严格来说应该是包括朝鲜和韩国两个国家的饮食文化，也就是韩国料理和朝鲜料理，两者构成目前大家所说的韩国料理。

　　现在的朝鲜半岛虽然分裂成两个国家，朝鲜时期却是八大行政区，即八道，包括北部的咸镜道、平安道和黄海道，中部的京畿道、忠清道和江原道，南部的庆尚道和全罗道。

　　朝鲜半岛的地形由北向南伸展，东西窄，北部地区和南部地区的气候差异很大。再加上北部是山地，南部为平原，主要物产也大不相同。韩国人在生活中摸索合理的饮食方法，并积累了丰富的经验，祖祖辈辈保持着独特的饮食传统，最终形成了富有地方特色的饮食文化。

　　在这两个国家所在的地区里，他们的种族和历史文化都是一脉相传，烹调的方法和烹调使用的原料以及饮食习惯都是一模一样，而随着韩国经济和社会的发展，韩国人的衣食住行等生活方式也发生了变化，从而构筑了现代韩国文化，所以现在大多数人都把韩国人烹调的菜肴就叫做韩国料理，它也包括了朝鲜料理，因此也就可以说韩国料理就是朝鲜菜肴和韩国菜肴的代表。

　　韩国料理中的饮食特点十分鲜明，菜肴口味很受中国人的喜爱。韩国料理一般以辣见长，兼具中国菜的原料丰富、菜肴味美与日本料理鱼多汁鲜的饮食特点，比较清淡、少油腻，而且基本上不加味精，蔬菜以生食为主，用凉拌的方式做成，味道的好坏全掌握在厨师的手中。韩国料理讲究口味上酸、辣、甜、苦、咸五味并列；菜肴色泽搭配上讲究绿、白、红、黄、黑五色，赏心悦目。韩国料理还特别讲究药食同原，菜肴的营养搭配和烹调原料的食疗与生息相克的理论。泡菜、石头火锅、韩国烤肉、人参鸡均是最有特点的菜品。

　　历史上，朝鲜半岛人民长期生活在三面环海、以山岳地形为主的环境中，通过渔猎、采集和农耕生活，他们积累了丰富的生产生活经验。同时，该地区还与海产品资源丰富的俄罗斯接壤，与日本隔海相望，海产进口极为便利。这种独特的地理条件使朝鲜族不仅保持而且发展了喜食"山珍"以及"海味"的饮食风俗习惯。北部地区夏天短，冬天长，饮食跟南部地区相比偏淡，不太辣。菜多呈大块，菜量又很多，表现出当地居民的性格。相反地越往南，菜的味道越重、越辣，调味料和鱼浆放得较多。

一、韩国料理的历史

　　说到韩国料理的历史必须先从朝鲜民族的饮食历史文化探讨，朝鲜文化是古老文明之一，韩国文化是现代产物，料理也是一样。自古以来，各个民族在适应自然、改造环境、不断创造物质与精神财富的生产生活实践中，发展了民族历史，同时也创造了独具特色的民族饮食文化。

朝鲜人在很早以前就逐渐形成了自己独特的饮食结构和饮食生活习惯。在朝鲜高丽时期的主食就是以各类米饭为主，当时朝鲜的农业主要是稻米生产，所以那时人们的主食就是小米和大米，作为副食的蔬菜主要有白萝卜、黄瓜、茄子、葱等，那时的朝鲜人就知道用白萝卜腌制后做泡菜在冬季食用，用白萝卜制作酱料在夏季食用。

从 17 世纪朝鲜各地开始种植从中国传入的辣椒、土豆、南瓜、玉米、白菜等。随着这些蔬菜和粮食作物的种植，更丰富了人们的饮食品种。朝鲜人喜食辣椒习惯也是从这个时期开始的。这一时期的日常主食有各种米饭、粥和汤，副食有大酱、泡菜和鱼酱等。除此之外，每逢节日，人们也制作各种适合节日特点的特殊饮食，如糕、面条、烤肉（鱼）、炖菜、药饭、五谷饭等。

在高丽时期，饮食器具花样繁多，包括铜器、陶器、瓷器、木器等，特权阶层用金、银器。当时用餐多用小饭桌，只在宫中或国宴上用较高的大桌。随着铜冶炼技术的发展，人们开始比较普遍使用铜制餐具，取代了原来的木制和陶瓷餐具。这些饮食生活习惯几乎原封不动地流传至今，所以，可以说这一时期为韩国传统生活习俗的形成时期。

现代社会，随着韩国经济的不断发展，人们生活水平的不断提高，饮食生活习俗也有所变化。副食品也被加工得更加精美，但饮食结构和食用方式基本保持了原来的特点。

 相关知识

朝鲜半岛的历史从檀君传说开始到现在，有着 5000 年的悠久历史。朝鲜半岛在历史上与中国有着密切的交往，因此朝鲜半岛的传统饮食文化深受中国饮食文化影响。从朝鲜半岛的三国时期（新罗、高丽、百济）三个王国鼎立的局面一直到 918 年朝鲜人建立高丽王朝，也就是现在很多人把朝鲜叫高丽的原因。1392 年，李成桂建立李氏王朝，取代高丽王朝，建都于汉阳（现汉城），将国号定为朝鲜。1896 年，朝鲜宣布独立，改国号为大韩帝国，从此朝鲜改为韩国。在 1910 年日本侵吞朝鲜，强迫朝鲜人改用日语，企图消灭朝鲜民族文化。直到 1945 年日本战败前，日本在实行殖民统治期间对韩国不断进行经济、文化、政治的改造。1945 年日本投降，以北纬 38 度线为界，分别由苏联和美国军队接收。几年后在美国支持下朝鲜半岛南方地区成立大韩民国，在苏联支持下朝鲜半岛北方地区成立朝鲜民主主义人民共和国。

二、韩国料理的发展状况

朝鲜半岛人民在继承民族历史传统的基础上，依托本地自然条件，不断汲取中国饮食文化和世界饮食文化的各种元素，开拓、创造出独具特色的韩国料理饮食文化，其崇尚天然、注重食疗、融入多元化的饮食文化特征，在世界饮食文化中独树一帜。当今世界上每个民族的饮食文化都是独特的，都是在自然风土环境及民族历史文化土壤中孕育、发展而来的，同时又伴随着民族政治、经济、文化的发展而不断变化。

朝鲜半岛因气候和风土适合发展农业，早在新石器时代之后就开始了杂粮的种植，进而普及了水稻的种植。此后，谷物成为韩国饮食文化的中心。

朝鲜半岛在三国时代后期形成了以饭、菜分主、副食的韩国固有家常饭菜，以后发展了饭、粥、糕饼、面条、饺子、片汤、酒等谷物饮食。这些过程在发展中又深受中国饮食文化的影响，毕竟中国对朝鲜半岛长时间的属国统治和两国的文化、经济交流渊源甚长。直到现在韩国料理中的许多调料都和中国菜一模一样，特别是对原料的烹调方法上如出一辙，如豆腐、豆粉、酱油、香油、料酒、大料等。

在朝鲜和韩国的饮食文化发展中，还有个十分特殊的饮食习惯，就是朝鲜人历来相信药食同源。所谓药食同源即相信药材和食物在日常生活中的饮食上可以是一个目的和源头的。食物除了填饱肚子还可以是药材的作用，而药材在医治病的时候也可以作为食物添加在菜肴里。在药食同源的饮食观念下，许多药材被广泛用于饮食的烹调上。代表菜肴有人参鸡汤、艾糕、沙参肉片、凉拌菜等。各种食物调料和香料在韩国也称为药引，一直认为葱、蒜、生姜、辣椒、香油、芝麻都有着药性，出现了各种药食和饮料，如生姜茶、人参茶、木瓜茶、柚子茶、枸杞子茶、决明子茶等多种饮料。

北部山多，以种旱田为主，杂谷的生产量大。靠西海岸的中部地区以及南部地区以种水稻为主。因此北部地区以杂谷饭为主食，南部地区以米饭和大麦饭为主食。

现在的韩国人日常以米饭为主食，再配上几样菜肴和中国人的饮食习惯基本相同，但是从进餐形式上来说比我们中国人的饮食复杂。他们的主食主要是大米饭却还包括小米、大麦、大豆、小豆等杂粮而做的杂粮饭，副食主要是各种汤和酱汤、各种泡菜和酱菜类，却还搭配有用各种肉类制作的菜肴、各种海鲜制作的菜肴、各种蔬菜制作的菜肴、各种海藻制作的菜肴。这种吃法不仅能均匀摄取各种食物的营养，也能达到均衡营养的目的。主食里包括米饭、杂粮米饭、粥、面条、饺子、年糕、片汤各个种类，副食里包括汤、酱汤、烤肉、酱肉、炒菜、蔬菜、烧菜、炖菜、火锅、泡菜等种类繁多。

现今的朝鲜半岛是两个地区、两个国家对峙的局面。

在朝鲜半岛的北面，人民生活在三面环海、以山岳地形为主的环境中，通过渔猎、采集和农耕生活，他们积累了丰富的生产生活经验，并基于地缘特点，养成了喜好"山珍"的饮食习惯。通常说他们崇尚天然饮食习惯，主要表现在饮食中的原料取材天然。大山上的各种野生动物，沙参、桔梗、蕨菜、山芹菜、刺嫩芽、松茸、小根蒜等山野菜，都是朝鲜人喜爱的山珍。因为喜欢素食、好清淡，朝鲜族在山野菜和日常蔬菜的食用上，往往生食制成各种拌菜、蘸酱菜等，或以之包饭、拌饭，从而更多地保留了食物的天然滋味；即使是制成泡菜，也因其特殊的腌制方法而保持了蔬菜的鲜艳色泽和脆嫩质地，味道更是清香适口。虽然辣味十足，但是味醇少盐，已成为深受世人喜爱的佐餐食品。

在朝鲜半岛的南面，人民生活在两边临海、以平原地形为主的环境中，养成了喜好"海味"的饮食习惯。韩国饮食风格介于中国和日本之间，多数人用餐使用筷子，特别喜欢各种海鲜和鱼虾、贝类，还喜欢各种汤菜拌饭、火锅、汤面、冷面、生鱼片、生牛肉、什锦拌饭等。通常说他们崇尚味道天然的饮食习惯，主要表现为主食以米饭为主，但是煮制米饭的石锅很特别，制作出来的米饭颗粒松软晶莹，味道醇香自然，堪称米饭一绝。菜肴在食用的时候都喜欢和汤一起食用，几乎每餐都有汤。汤的种类繁多有冷汤、热汤、蔬菜汤、狗肉汤、牛肉汤、参鸡汤等，为保证味道天然，制作的时候这些汤菜基本不放辛香料，而是到要食用的时候再添加各种酱料、盐、葱等来调味，从而保持了肉的天然滋味。韩国料理中，节日食物中的各种糕饼种类繁多，主要是大米、糯米制成，虽然制作方法各不相同，但绝无多油多糖的油炸、烘烤类，最常吃的有打糕、散状糕、发糕、凉糕、米饼、松饼等，这些糕饼的辅料种类少、不兑油，味道天然纯粹，其代表就是打糕。打糕就是以天然浓郁的糯米醇香、滑润的劲韧口感而深受喜爱。

相关知识

自古以来，韩国极重礼仪，在语言方面，年幼者必须对长辈使用敬语，至于饮食方面，上菜或盛饭时，亦要先递给长辈，甚至要特设单人桌，由女儿或媳妇恭敬地端到他们面前，等待老人家举箸后，家中其他成员方可就餐。至于席上倒酒，亦需要按年龄大小顺序，由长至幼，当长辈举杯之后，年幼者才可以饮酒。另外，还有一个传统习惯，男女七岁不同席，女孩子到了七岁之后就不与任何男子（包括父亲和兄弟）在同一房间同席。不过，这种习俗在大城市已渐渐破除，偶尔在乡间仍然可见。昔日的韩国家庭，是将盛着米饭的器皿放在桌的中央，而菜则在碗里，并放置于周围，每个人则有一把长柄圆头平匙，一双筷子，一盘凉水，用餐时就用匙把饭直接送到嘴里，筷子用来夹菜，凉水则是涮匙用的。现代的韩国人用餐习惯已有很大变化，不少是使用食品盘，每人的一份饭菜装在盘中，也有些家庭已不用食品盘，而是用碗盛饭了。

韩国节庆较多。农历正月初一至正月十五的节日活动类似中国春节。农历正月十五为元宵节，传统饮食是种果（栗子、核桃、松子等）、药膳、五谷饭、陈茶饭等。农历4月8日为佛诞节及颂扬女性的春香节。农历5月5日为端午节，家家户

户都以食青蒿糕，挂菖蒲来过节。农历 8 月 15 日为中秋节，农历 9 月 9 日为重阳节。清明扫墓，冬至吃冬至粥（掺高粱面团子的小豆粥）。除上述传统节日外，韩国人还重视圣诞节、儿童节（5 月 5 日）、恩山别神节（3 月 28 日至 4 月 1 日）等。

第二节　主要流派及菜肴特点

一、韩国料理主要流派

目前的韩国料理流派从地区和烹调特色上来看分别是京畿道流派、济州岛流派、平安道流派、庆尚道流派等。

（一）京畿道流派

京畿道流派基本可以代表南韩流派，从地理位置上看京畿道位于朝鲜半岛的中部地区，以山地为主，主要城市是首尔（汉城）。京畿道是古老的朝鲜八道，该地区虽然很少产各种蔬菜，但是因为历来是朝鲜半岛的主要经济、文化和政治中心，全国各地的各种蔬菜都集中到这里，因此这里的料理厨师能做许多奢侈、美味的食物，附近城市有开城、全洲等。

京畿道流派菜肴讲究微辣、微咸、口味轻淡、制作奢华、讲究排场、重视礼仪。京畿道还是人参产地，菜肴制作中被崇尚药食同源的韩国人广泛使用，特别是京畿道流派，它比较完整地保留了古朝鲜的饮食文化风格和菜肴的制作奢侈华丽，特别受韩国人民的青睐，基本上韩国料理的基础就是京畿道流派。京畿道的食物简朴而丰富，除开城以外，大都很平常。水原多年前形成了一个牛肉市场，全国的商人云集此地，从此水原出现了很多烤牛排餐厅，水原的烤牛排也因此扬名。

（二）济州岛流派

济州岛流派主要是因为济州岛在当今成为了韩国的主要旅游地。济州岛是韩国最南端的岛屿，气候温暖，近海能捕捉到的鱼类、贝类种类繁多；山村居民开山耕种稻田或者到汉拿山上采集蘑菇、野菜和蕨菜等。几乎不产大米，多产大豆、大麦、小米和红薯等，橘子、鲍鱼和红面头是最有名的特产，大量旅游者的出现带动了当地餐饮行业的发展，菜肴制作目前已经自成一派。济州岛的自然环境使这里的饮食别具特色，在济州岛流派的美食大多体现在四面环海的岛屿盛产各种海鲜上。韩国人也十分喜爱各种生吃的鱼类食物。日本对朝鲜半岛 30 多年的文化统治留给朝鲜半岛的可能就是都喜爱吃生鱼料理了，不过韩国人除了生吃各种鱼类外，在韩国，大闸蟹、牡蛎、马肉等也是以生吃为美。

济州岛流派烹制菜肴时，大多采用传统的制作方法，尽可能地保留食物天然的味道，料理厨师完美的色彩搭配使菜肴完全就是一种味觉和视觉的享受。济州岛居民勤俭朴素，他们这种性格也如实地反映到其饮食中。当地的饮食菜量不多，作料放得少，味偏咸。济州岛自古以来是鲍鱼的产地，吃生鲍鱼片，也用来煮粥。

（三）平安道流派

平安道流派是朝鲜半岛最北的流派，地理位置上最靠近中国，也是朝鲜料理目前的代表地区。平安道接壤中国边境地区，两国的经济、文化交流频繁，平安道是古老的朝鲜八道，它特殊的地理位置决定了菜肴的风格特色，很多菜肴和中国菜相同、相近，但是山地的特色使平安道地区盛产各种药材、野菜、野味等。

朝鲜人历来崇尚药食同源，各种药材在不同的季节、不同的菜肴里广泛使用，如人参鸡、大麦茶、艾糕、沙参肉片等都是这个地区的特色菜肴。在靠近中国的边境附近还有很多野味餐厅，提供各种野味和野菜菜肴。平安道流派的泡菜口味变化较少，讲究清淡。

（四）庆尚道流派

庆尚道流派是韩国最南的流派，靠近日本。庆尚道流派口味较咸，特别是在韩国泡菜的制作上体现得淋漓尽致。制作同样的白菜泡菜，庆尚道流派会根据使用的酱料和发酵程度的不同把泡菜的口味调制到又辣又咸，但是这样做出来的韩国泡菜深受世界各地人们的喜爱，基本上说韩国泡菜都是指庆尚道流派制作的地道的韩国泡菜。

庆尚道流派地区还盛产海鲜和小麦，在洛东江周围肥沃的土地上，更是盛产农产品。在这一地区吃海鲜菜肴分量大、朴实、天然、美味，人们还喜欢把海鱼用盐调味晒干后煎着吃，或用海鲜炖汤。他们还喜欢吃面食，最爱是把面和生豆粉混在一起和面后，用刀切成丝的刀切面，再放上各种海鲜做的作料。庆尚道在南海和东海都有优良的渔场，海产丰富。穿过庆尚南北道的洛东江带来了丰富的水量，使周边形成了丰腴的农地，农作物也种类繁多。味道偏重、辣，但是朴实而可口。不太讲究菜肴的外观，不太华丽。有时放入藿香和山椒而做菜，享受其香味。

二、韩国料理形式

（一）韩定食

韩定食就是传统的"韩式宫廷料理"，或者现在有的人叫"韩国传统套餐"，它沿袭了朝鲜时代宫廷菜肴的传统风味，特别讲究排场，一般由前菜、主食、副食、饭后点心等组成；吃的时候先把各式小菜摆满桌面，有 3 碟、5 碟、7 碟、9 碟、12 碟的不

同格式。

　　韩定食在朝鲜半岛历史上最后一个王朝：朝鲜时期的宫廷料理中可以说得上代表了传统饮食的最高水平，因为那时朝鲜的宫廷料理有最优秀的厨师以及可以使用各地优质贡品原料来制作菜肴，结合蒸、烤、烫、拌等各种烹调方法，选材料、调味、配色花样繁多。其中传统的如"九折板"，以及加放肉类、鱼类、蔬菜、蘑菇炖煮的火锅"神仙炉"（图 3.1）。

图3.1

　　传统的韩定食包括：干果类、九折板、蜂蜜人参、各种小菜、粥、凉菜、煎油饼、烤物、神仙炉、蒸物、烤物、煮物、烧烤类、米饭和汤、甜点等 15 种。以下是每道菜肴的简单介绍。

　　（1）干果类：可以是各种坚果、干果、蜜饯类等，起着饭前增加食欲的作用。在正式料理出来以前消遣用，也可当下酒菜。

　　（2）九折板：韩国宫廷式九折板的正中央放的是薄薄的煎饼，煎饼周围是八种颜色的蔬菜丝以及蘸酱。吃的时候先在煎饼里包上八种蔬菜丝，包好后，蘸备好的蘸酱即可。

　　（3）蜂蜜人参：鲜人参切成薄片即可装盘配蜂蜜。吃的时候将切好的人参蘸着蜂蜜吃即可。

（4）各种小菜：韩定食餐桌上常见的有 6 ～ 10 种小菜或泡菜。要注意这些不是主要料理，只是辅助菜而已，有开胃菜的作用。

（5）粥：韩定食传统的粥的品种很多，和中国不同的是韩国料理的粥大多是各种杂粮和蔬菜粥，一般常见的是南瓜粥。

（6）凉菜：韩定食的冷菜，一般先按季节把蔬菜切得细细的，再放上海鲜、肉类或水果，摆放的时候要整齐、色彩搭配要艳丽，最后倒入调味汁。

（7）煎饼：韩国的一种用肉类或海鲜、蔬菜等切得细细的，再用面粉和鸡蛋、水搅拌后放一起煎的饼，吃的时候直接吃也可，或蘸酱汁吃。

（8）神仙炉：类似小火锅或是中国北方的涮羊肉锅，放上高汤和各种颜色的蔬菜和主料。

（9）烤物：如烤鳗鱼，去掉鳗鱼刺，在鳗鱼上均匀涂上用胡椒粉、砂糖、蒜、姜等材料调制的调味汁，放在炭火上烧烤。

（10）蒸物：如蒸牛尾，至少要蒸 4 小时以上牛尾，搭配上胡萝卜、栗子、枣、蘑菇、辣椒等。

（11）烤物：如烤大虾，把大虾洗干净后烤。在大虾上还可以放其他色彩漂亮的菜。

（12）煮物：如煮鲍鱼，把鲜鲍鱼清洗干净后，放在清汤里煮熟，搭配上基础药材即可。

（13）烧烤类：如烧烤排骨，牛或猪的排骨用葱泥、蒜泥、姜、砂糖、香油、胡椒等调味后，放在炭火上烤，边烤边吃。

（14）米饭和汤：韩定食里米饭和汤是一起放的，吃米饭的时候不可缺少汤。一般是石锅里放上很多水，里面加蔬菜、肉类、鲜鱼类等后煮。汤里常用的调料是酱油、黄豆酱、辣椒酱。米饭和汤做好以后，可以就着各种小菜以及吃剩下的各种主料理吃。

（15）甜点：包括酒酿和水果。酒酿比较甜，是韩国传统饮料之一。

（二）石锅拌饭

韩国料理的另一个特殊菜肴类型就是石锅拌饭。制作石锅拌饭的石锅是陶瓷或大理石做的，厚重的陶锅可以直接拿到火上烹煮。目前基本有两种不同的烹调方法。一种是将所有的原料和大米放入石锅内摆漂亮，再将石锅拿到炉具上烤，烤到锅底有薄薄的一层锅巴就算大功告成；另一种则是事先将石锅烧烤至滚烫之后，再放入米饭及菜肴。上桌后，再加入韩国辣椒酱，用韩国的那种柄长铁汤匙将饭、菜、酱料全部搅拌均匀。搅拌的时候，石锅会发出嗞嗞的声响，饭、菜、酱料的味道也会随着热腾腾的蒸汽飘散开来。品味时，特殊的锅巴香伴随着温和的小辣与淡淡的甜味在口中释放，口感与风味都是很好的，而且由于石锅陶器的特点用它制作的菜肴保温效果很好，不用怕饭菜冷掉。

石锅拌饭的制作方法最早出现在韩国光州、全州，后来演变为韩国的代表性食物。

光州、全州的石锅拌饭之所以名闻遐迩，是因为该地区曾经在朝鲜时代把石锅菜肴作为中国进贡的菜肴。

石锅拌饭与泡菜一同被列为韩国代表料理、最高传统饮食。不仅可口，有益健康，拌饭营养丰富、热量不高。拌饭里蕴涵着"五行五脏五色"的原理。菠菜、芹菜、小南瓜、黄瓜、银杏等五行属木，利于肝脏。生牛肉片、辣椒酱、红萝卜五行属火，利于心脏。凉粉、蛋黄、核桃、松子等黄色食品五行属土，利于脾脏。萝卜、黄豆芽、栗子、蛋白是白色食品，五行属金，利于肺脏。最后，桔梗、海带、香菇等五行属水，这些黑色食品利于肾脏。

一个石锅里面加入了多种多样的材料，营养成分均衡的拌饭，很大程度上体现了韩国饮食的固有特色。吃拌饭的时候，饭和各种材料搅拌的是否均匀也决定着拌饭的味道是否美味。有经验的人总是肯花费时间用筷子将辣椒酱、香油等调料，同各种蔬菜以及米饭均匀地搅拌，不留一点不均匀的地方，因为只有这样才能吃出拌饭的全部的味道来。石锅拌饭的图片如图 3.2（a~c）所示。

a   b   c

图3.2

（三）韩国烧烤

韩国烧烤即指韩国烤肉，传说最早是来自于蒙古的烤肉。当时蒙古士兵外出征战，并没携带专用炊具，就用金属制的盾牌烤熟肉类。而远古时候的朝鲜人据说就是蒙古人的后裔，所以现在的韩国料理所使用的烧烤肉盘和盾牌的形状相似。韩国烧烤在韩国人的餐饮中占据了非常重要的地位，是韩国餐饮文化的重要组成部分。

韩国烧烤严格讲应算一种"煎肉"，当今餐饮行业基本都是用电磁灶或厚铁锅，客人自己先在上面刷薄薄的一层油，然后再把牛排、牛舌、牛腰及海鲜、生鱼片等放在上面烤制。地道的吃法，会把肉类用高丽菜或生菜叶，再加入面豉酱或蒜头包起来吃。韩国烧烤主要以牛肉为主，还有海鲜、生鱼片等都是韩国烧烤的美味，尤以烤牛里脊和烤牛排最有名。其肉质的鲜美爽嫩，让每一个品尝过的人都会津津乐道。韩国烧烤可以用"完善"和"精致"两个词来形容。其口味独特、配餐完善、吃法别致，已经形成了一套全面的制作和食用方法。

　　韩国烧烤目前在中国十分流行，中国各地都有很多的韩国烧烤料理店。这主要是由于韩国烧烤在口味、形式、内涵上都符合中国人的传统饮食习惯。首先，韩国烧烤非常符合中国人的口味习惯。韩国烧烤的特点是酸、甜、辣，这和川菜、湘菜辣的饮食习惯是一致的，符合中国人传统的口味习惯。韩国烧烤蘸酱汁的口味丰富。其次，韩国烤肉先腌渍后烤，肉是薄片状，味道细腻鲜嫩。这和中国人吃肉讲究口感鲜嫩，菜要入味的习惯是符合的。韩国烧烤符合中国人聚餐的习惯。中国人享受美食的时候，更是增进感情，合家欢乐的大好机会，聚餐是中国千年餐饮的传统，火锅便是中国餐饮文化的典型代表（图3.3）。

图3.3

（四）韩国泡菜

　　说到韩国料理不得不让人联想到韩国泡菜，在韩国料理中泡菜现今被称为料理国粹。泡菜是韩国人最主要的菜肴之一，说韩国人每餐必吃泡菜，无泡菜不成餐。无论在繁华的汉城或是乡村，在居民的住宅院落或阳台，看不到大大小小的泡菜坛数不胜数。在韩国用餐时，先上的就是各种泡菜，吃饭的时候也是泡菜，那天不吃泡菜的饭菜就会变得没有滋味了。其实称之为"泡菜"是不正确的说法。真正的泡菜是中国烹调里用盐水泡制菜肴的意思，而韩国泡菜是一种以蔬菜为主要原料，各种水果、海鲜及肉料为配料和盐腌制后的发酵食品，其实叫韩国腌菜比较确切。

　　韩国泡菜代表着韩国烹调文化，制作泡菜已有3000多年的历史，相传是从我国传入韩国的。由于韩国所处地理位置冬季寒冷、漫长，不长果蔬，所以韩国人用盐来腌制蔬菜以备过冬。到了16世纪，传进辣椒被广泛用于腌制泡菜。韩国泡菜不但味美、爽口，酸辣中另有一种回味，而且具有丰富的营养，主要成分为乳酸菌，还含有丰富

的维生素、钙、磷等无机物和矿物质以及人体所需的十余种氨基酸。

　　韩国泡菜作为韩国固有的发酵食品，是韩国人餐桌上不可缺少的菜肴。将泡菜的主要原料白菜用盐浸透，加入各种调料（辣椒粉、大蒜、生姜、葱、萝卜等），再融入虾酱。为保证食品的口味和熟性，在低温环境利用乳酸菌进行发酵。泡菜在成熟过程中会产生大量的乳酸菌，其可以抑制肠胃中的有害病菌，并能有效防止肥胖、高血压、糖尿病、消化系统癌症等成人病。最为熟知的泡菜是用红辣椒为料制作的辣白菜，但实际上泡菜的种类多达数十种。另外还有利用泡菜制作的泡菜汤，泡菜饼，泡菜炒饭等许多韩国料理。

　　韩国泡菜种类很多，按季节可分为春季的萝卜泡菜、白菜泡菜；夏季的黄瓜泡菜、小萝卜泡菜；秋季的辣白菜、泡萝卜块儿；冬季的各种泡菜。泡菜的发酵程度、所使用的原料、容器及天气、手艺的不同，制作出泡菜的味道和香味及其营养也各不相同。在韩国，每个家庭都有其独特的制作方法和味道（图3.4）。

图3.4

三、韩国料理菜肴的特点

　　韩国料理菜肴的特点主要表现在色彩艳丽、营养健康、香辣可口、口味丰富。

　　（1）色彩艳丽，指的是菜肴色泽搭配上讲究绿、白、红、黄、黑五色，赏心悦目。不论是韩国菜肴里的各种烤肉、泡菜还是糕点，其五颜六色的视觉搭配是韩国料理的最大特点。一方面努力保持原材料本色的新鲜色彩，另一方面又通过烹调来展现出原材料的不同形态，所以说韩国料理和日本料理都是不仅好吃，而且好看。

　　（2）营养健康，指的是特别讲究药食同源，菜肴的营养搭配和烹调原料的食疗与生息相克的理论。韩国料理菜肴选材天然，烹调的时候尽量采用不破坏营养成分的方式、方法来加工制作菜肴，菜肴制作中大量使用各种药材和食物搭配。韩国人历来相信药材和食物是相生相克的，很多病可以通过菜肴来治愈和防治。

（3）香辣可口，指的是韩国料理菜肴通常是入口香辣、醇香、微甜，但是后劲十足的辣味会让你感觉到辣得酣畅淋漓。吃韩国料理通常会感到菜肴大多比较辣、微带甜味，其实韩国料理的辣和世界其他地区的辣味区别很大。例如，四川人吃辣是麻辣鲜香，突出麻辣；湖南人吃辣是火辣干燥，突出干燥；墨西哥人吃辣是火爆的特辣，突出特辣口味；而韩国人吃辣是比较温和且后劲十足的。韩国人喜欢吃的辣椒不是很辣，带有微甜味和少许酸味，等菜肴吃得差不多的时候你才会发现后面的感觉是很辣、很辣的，却又十分爽口。

（4）菜肴口味丰富，指的是韩国料理讲究口味上酸、辣、甜、苦、咸五味并列，口味丰富。韩国人在制作菜肴时一般要讲究高蛋白、多蔬菜、口感清淡、少油腻，味觉以凉辣为主，和中国人一样喜欢菜肴里的口味多种多样。

 **相关知识**

韩国是单一的朝鲜民族，通用朝鲜语（亦称韩国语），信奉佛教、基督教、天主教、道教等多种宗教，风俗习惯独特而有趣。

韩国人待客十分重视礼节，男性见面要相互鞠躬，热情握手，并道"您好"。异性之间一般不握手，通过鞠躬、点头、微笑、道安表示问候。分别时，握手说"再见"，若客人同自己一道离开便对客人说"您好好走"，若客人不离开则对客人说"您好好在这儿"。进门或出席某种场所，要请客人、长辈先行；用餐，请客人、长辈先入席；与客人或长辈递接东西，要先鞠躬，然后再伸双手。

同韩国朋友约会，要事先联系，尽管韩国人对客人不苛求准时，但他们自己是严格遵守时间的，因而客人也应守时，以表示对主人的尊敬。

韩国人接待经贸业务方面的客人，多在饭店或酒吧举行宴请，而且多以西餐招待。非业务交往，多在家中请客吃饭，用传统膳食招待。

韩国人爱吃辣味，主食副食里常常少不了辣椒和大蒜。主食以大米和面食为主，最喜爱的传统面食是辣椒面和冷面。韩国人制作冷面的面条是用荞麦面做的，汤里放入大量辣椒、牛肉片和苹果片等，而且要冰镇，吃起来清凉爽口，但过一会就会周身发热。副食中的名菜有生鱼片、烤牛肉、干烧桂鱼、脆皮乳猪、油泡虾仁、脆皮炸鸡、爽口牛九、软炸子鸡、冷拼盘等。韩国人每顿饭要有一碟酸辣菜，尤以酸辣白菜最为爽口。在正式宴会上，第一道菜是用九折板盛有九种不同食物送上来，其中必须有火锅，随后再上其他的菜；在家中请客，所有的菜一次性上齐。

此外，韩国拥有许多西餐馆和日本餐馆，汉堡包、炸鸡、热狗等快餐食品受到

人们欢迎，使韩国人以鱼、蔬菜和米饭为主的传统膳食结构趋向方便化、快捷化和多样化。在韩国没有收取小费的习惯，客人进餐、购物、住宾馆等不必送小费。

第三节　韩国料理厨房结构

厨房结构一般大同小异，只是在一些细节上由于各个国家或地区菜肴的烹调方法、特色的区别以及不同的风俗习惯在设置上有一些变换，但是不论其如何变换都是要以满足餐厅经营和运作方便为目的。

韩国料理厨房结构根据菜肴制作的种类和烹调方法来分类一般设置为：韩定食制作厨房、泡菜制作厨房、石锅制作厨房、烤肉制作厨房、药材保存间等。

（1）韩定食制作厨房结构里必须包括韩国料理的各个烹调部门和制作间，目的是更好地完成定食里的干果类、九折板类、小菜类、粥类、凉菜类、煎油饼类、烤物类、神仙炉类、蒸物类、煮物类、烧烤类、米饭类和汤类、甜点类等菜肴的制作。可以说一个韩定食制作厨房就是韩国料理的各个烹调方法和菜肴制作方法的汇总，是韩国厨师的精华汇聚。

（2）泡菜制作厨房结构十分简单，通常就是原材料初加工的工具、简单的腌制工具和器具、保存器具、冰箱等组成，但是它在韩国料理各种厨房中的作用是巨大的，毕竟韩国人每餐必不可少的就是泡菜了。其他各种厨房制作的菜肴中都会使用到泡菜厨房制作的各类泡菜来烹调菜肴，因此泡菜制作厨房制作的泡菜也是其他厨房菜肴制作质量的关键前提。

（3）石锅制作厨房主要是烹调石锅米饭。简单的煮制米饭很容易，但是如何煮制好石锅米饭和保持米饭的鲜美口味是石锅制作厨房厨师的技巧。每个石锅都是单独火眼上煮制米饭，如何控制火候大小来突出米饭底下的锅巴的硬度、脆度和成熟时间，满足顾客在不同时间上的需求是石锅制作厨房厨师的能力考验。

（4）烤肉制作厨房结构简单，但是各种原材料种类繁多，调味品品种多样，管理难度较大，特别是各种原料的加工、使用、保存等问题。烤肉制作厨房要满足制作各种烧、烤类菜肴的初加工、腌制、摆盘等工作，还要负责调味碟的调制。

（5）药材保存间主要是为管理、保存好各种珍贵的药材设置的。韩国料理制作中使用大量的各种名贵的药材必须有专门的保管地方，避免丢失和胡乱使用。

韩国料理厨师的结构也和其他地区或国家菜肴体系一样，每个工种的厨师负责自己部门的菜肴的制作和卫生管理等工作。只是由于韩国料理的烹调特色还设立了一些特殊的岗位厨师来完成烹调工作，例如以下几个厨师结构。

（1）韩定食料理师：必须能单独完成韩定食的各种类型的全部菜肴的制作和设计，并且有能力选用各种食材和管理好各种食材。

（2）泡菜制作师：必须能制作各种类型的泡菜，并且有能力管理好各种泡菜的保存和使用。

（3）烤肉师：必须能精确地把握好各种肉类的腌制和加工、分割方法，有调制多款烤肉调味汁的能力，还要有能根据不同季节来调和口味和区别使用原料的能力。

 相关知识

韩国的膳食礼节主要有以下几点：

（1）同桌进餐时，要按照长幼次序安排主次座位，长辈动筷吃饭后，小辈才能够开始吃。吃饭的过程中，要配合长辈吃饭的速度，小辈也不能先于长辈吃完。

（2）吃饭时，筷子和勺子不能同时拿在手中，吃有饭和汤的菜时，要用勺子吃。

（3）自己使用的餐具在夹菜或吃饭时，不要在菜肴里翻来翻去，要保持其干净整齐。

（4）吃饭的过程中，骨头、鱼刺等垃圾，不要扔在桌子上以免弄脏饭桌，为了不让旁边的人看见，要安静地用纸包起来扔掉。

（5）很多人一起吃的菜肴，要用小盘子分装给每个人食用，吃东西或喝东西的时候不要发出声音，注意也不要让筷子、勺子和碗碰撞发出声音。

（6）放在远处的菜肴要让旁边的人传过来后再吃，夹菜时不要把手伸的过长。

（7）吃饭的过程中，咳嗽、打喷嚏的时候，要把脸转向旁边，为了不失礼，要用手或手绢遮住嘴。

第四节 韩国料理原料介绍

一、韩国料理原料介绍

（1）韩国辣椒面。韩国辣椒面和中国辣椒面的区别是很红、很细，但是辣味不是很突出，微带点酸味。适合做各种泡菜或调味品（图 3.5）。

（2）韩国辣椒酱。使用范围广泛，也是制作韩国辣白菜等的主要辣椒酱，口味咸甜香辣（图 3.6）。

图3.5

图3.6

（3）韩国辣白菜酱。专门制作辣白菜的腌制酱料，使用简单，不用再调和其他原料即可使用（图3.7）。

（4）石锅拌饭酱。非常方便的调和料，直接把它拌在石锅米饭上即可（图3.8）。

图3.7

图3.8

（5）牛肉味粉。方便快捷的调味品，广泛的使用在韩国料理的各种牛肉类菜肴的调味、腌制、制作的过程中，味道很像方便面的调味包（图3.9）。

（6）韩国大酱。制作大酱汤必不可少的调料（图3.10）。

（7）人参。 高丽人参是韩国料理里常使用的药材，一般是鲜人参即可使用（图3.11）。

（8）韩国鱼露。制作韩国泡菜是大家喜欢添加的调味品，本来是越南菜肴的特色原料，但在韩国料理中广泛使用（图3.12）。

（9）韩国芥末粉。韩国人也喜爱生吃海鲜产品，他们的芥末粉也和日本料理有一定的差别，主要是芥末的辣度不同（图3.13）。

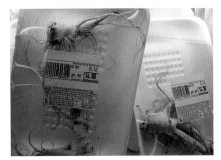

图3.9　　　　　　　　　图3.10　　　　　　　　　图3.11

图3.12　　　　　　　　　　　　　　　图3.13

77

（10）干海带。它是制作紫菜包饭的必要原料，也可用来制作汤类菜肴的调味。特别是韩国人生日必须食用的海带汤的主要原料（图 3.14）。

（11）人参鸡汤调料包。方便快捷地制作韩国特色菜肴人参鸡汤的调料包（图 3.15）。

（12）炸酱粉。制作韩国炸酱面的调味品（图 3.16）。

图3.14　　　　　　　　　图3.15　　　　　　　　　图3.16

（13）韩国粗盐。制作专业的韩国泡菜的必需盐制品（图 3.17）。

（14）韩国酱油（图 3.18）。

（15）韩国料酒。烹调中广泛使用的米酒（图 3.19）。

图3.17

图3.18

图3.19

（16）糖稀。制作泡菜的甜味素（图3.20）。

（17）虾酱。制作韩国泡菜必要三宝之一（图3.21）。

（18）韩国香油。和中国菜肴使用的香油最大的区别是韩国人的香油香气不是很浓郁（图3.22）。

图3.20

图3.21

图3.22

（19）韩国冷面条。制作冷面的专门面条（图3.23）。

（20）韩国炸酱面专用面条（图3.24）。

（21）裙带菜。制作海带汤的底料，也是制作味增汤的底料（图3.25）。

（22）烤肉蘸酱（图3.26）。

（23）烤猪、牛肉酱。腌制烤肉的调料（图3.27）。

（24）韩国炸粉（图3.28）。

图3.23

图3.24

图3.25

79

图3.26

图3.27

图3.28

(25) 明太鱼干（图 3.29）。

(26) 小海鱼干（图 3.30）。

(27) 五花肉（图 3.31）。

图3.29

图3.30

图3.31

（28）牛仔骨（图3.32）。

（29）猪颈肉（图3.33）。

（30）雪花牛肉片（图3.34）。

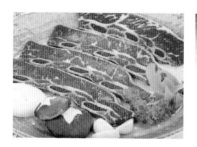  

图3.32　　　　　　　　　　图3.33　　　　　　　　　图3.34

第五节　韩国料理菜肴制作

一、韩国泡菜

所谓韩国泡菜其实是个误解，叫它韩国腌菜比较适当。泡菜顾名思义就是用盐水来浸泡食物类原料使之成熟后食用，但是韩国制作的泡菜一般都是没有大量的盐水浸泡的，他们大多采用腌制后窖藏发酵使食物类原料成熟后食用。以前的韩国人为保证食品的口味和熟性，充分利用韩国地理条件的温度低的特点，在低温环境泡菜在成熟过程中会产生大量的乳酸菌。据考察乳酸菌有抑制肠胃中的有害病菌的作用，并能有效防止肥胖、高血压、糖尿病、消化系统癌症等疾病。

在韩国制作泡菜时还会根据时令季节的不同，采用不同的蔬菜原料来丰富泡菜的种类、口感、质地、品质等。例如，在每年春节家家户户都会购买大量的红皮萝卜、青笋等来腌制泡菜；夏季来临的时候购买黄瓜、小萝卜来腌制泡菜了；秋季来临的时候购买大白菜制作辣白菜；冬季的时候蔬菜很少、很贵，就购买便宜的长白萝卜、花生、豆类来腌制泡菜。可以说韩国每个家庭制作的泡菜都有独特的口味和方法。

实训一　韩国辣白菜

目的：了解韩国辣白菜的制作工艺流程，掌握腌制蔬菜原料的关键技巧。

要求：使用正确的手法来腌制白菜；采用特殊的技巧缩短泡菜成熟的时间。

原料：大白菜1棵，韩国辣椒粉150克，韩国辣酱150克，虾酱15克，粗盐50

克，丁香 1 克，青苹果 50 克，蒜苗 5 克，大蒜 5 克，白糖 15 克，柠檬 1 个，雪碧 150 克，茴香 1 克，八角 1 克，山奈 1 克，桂皮 1 克，蓝标鱼露 5 克。

学时：1 学时。

工具：不锈钢盆、切刀、菜板、小玻璃缸、汤勺。

步骤：

（1）先把大白菜清洗干净（图 3.35a），对开后晾干水分，撒粗盐后备用（如果不是为缩短泡菜成熟的时间，这一步可以把大白菜放在雪地上用石块压上令其脱水，而不是现在采用的用盐腌制后脱水）。

（2）不锈钢盆内放入韩国辣椒粉、辣椒酱、虾酱、丁香、青苹果片、蒜苗片、大蒜片、茴香、八角、山奈、桂皮、蓝标鱼露等，用雪碧调和成糊备用。

（3）大白菜脱水后挤压，把调好的辣椒糊抹在白菜的每一片菜叶两面（图 3.35b）。

（4）把大白菜放入可以密封的玻璃缸内，低温窖藏 3 ～ 4 天后即可食用（发酵后泡菜会有酸味和苹果的甜香味，这里使用白糖和柠檬调和风味后，即可食用）（图 3.35c）。

注意事项：如果是使用盐脱水的工艺制作泡菜必须把盐水挤压干净后才能制作，否则制作完成的菜肴会很咸。大白菜要选用黄帮白菜口味更佳。

a　　　　　　　　　　b　　　　　　　　　　c

图3.35

实训二　韩国青笋泡菜

目的：掌握腌制蔬菜的方法和菜肴制作工艺流程。

要求：熟练掌握蔬菜脱水的技巧和时间；了解不同风味泡菜的制作方法。

原料：青笋 1000 克，粗盐 100 克，大蒜 5 克，八角 1 克，白糖 150 克，白醋 50 克，小米椒 5 克，山椒水 50 克，丁香 1 克，山奈 1 克，黑木耳 5 克，干香菇 1 克，麻油 15 克，红标鱼露 5 克。

学时：1 学时。

工具：不锈钢盆、切刀、菜板、玻璃盆、泡菜碟。

步骤：

（1）先把山椒水、白糖、白醋、八角、干香菇、小米椒、红标鱼露、丁香、山奈、黑木耳、大蒜调和好，浸泡一天后使用。

（2）青笋去皮切片后用粗盐腌制，脱水后备用。

（3）把挤干水分的青笋片用调和好的山椒水腌制后，放置一天后即可使用。

（4）泡菜碟内放腌制好的青笋片、小米椒段、黑木耳、麻油装饰即可。

注意事项：调和好的山椒水是菜肴制作的关键，口味要酸甜香辣。青笋脱水后要挤压干净盐水，才会脆嫩。

菜肴照片见图 3.36（a~c）。

a   b   c

图3.36

二、韩国烤肉

韩国烤肉以烤牛肉为主，猪肉次之。韩国的烤肉中较有特色的是雪花牛肉、猪颈肉、五花肉、烟肉等。吃烤肉时，先由客人自己在烧烤盘上刷上油，再把切好的肉片放在中间略高四周稍低的沟槽铸铁锅中，听到发出嗞嗞的烤肉声，肉上的油泡裂开发出扑鼻香味，等到烤肉成了金黄色时用剪刀把烤好的肉剪成小片，然后包上泡菜、生菜等搭配出多种口味。

韩国烤肉没有加上任何酱料时，脆嫩香甜；加上配料更是风味不同。韩国烧烤的原料必须经过腌制码味，腌渍时，一般还要加入一些水果和洋葱，使成菜有香而不腻的感觉。此外，韩国烧烤在烤制过程中不再调味，只是在食用时才用蘸汁来补味。配料有大豆酱、葱丝、青椒、蒜头、泡菜等，食客可以随自己的需要，把想吃的配菜放置到清洗干净的生菜上，包裹成条状，味道更加美妙，肉质鲜嫩不油腻，而且香脆，风味也别具一格。

其实韩国烤肉从烹调方法上来说就是煎，和烧烤几乎没什么关联，这和韩国泡菜在中国的翻译上的差别一样。首先韩国烧烤采用燃气为燃料，利用烤盘传热烹调菜肴，基本就是煎的烹调方法，其次，韩国烧烤的腌制是由原料的汁水和原料烤好后蘸食的汁水来决定，这和烤制食物的基本调味区别很大，还有就是韩国烧烤菜肴一般煎至八分熟或刚熟即可,体现的是嫩爽口感,这和烧烤食物干、香的口感上也有很大的区别。

实训三　韩国烤肉

目的:掌握制作韩国烤肉的腌制技巧和搭配方法以及吃烤肉的规定和要求。

要求:了解最普通的烤五花肉的工艺流程和食用方法和口感。

原料:五花肉 500 克,香菇 50 克,直叶生菜 250 克,洋葱 50 克,蒜片 5 克,小青椒 15 克,辣白菜 50 克,辣萝卜丁 50 克,烤肉蘸酱 50 克,白芝麻 1 克,木鱼花 1 克,香菜 1 克。

学时:1 学时。

工具:韩国烤肉盘、切刀、菜板、泡菜碟、调味碟、竹篮。

步骤:

(1)五花肉先整理好,卷成卷冷冻后备用。

(2)调味碟内放烤肉蘸酱、木鱼花、白芝麻、香菜。

(3)大盘内摆放上香菇、蒜片、青椒片、洋葱片等和切片的五花肉卷片。

(4)竹篮内放清洗干净的直叶生菜。

(5)后面的工作由客人自己完成。

注意事项:要想口味好,一定要选用正五花肉的部位。

可以把五花肉做成其他形状,但是记住要用手切的口感才好吃。机器切的很好看,但是口感上就和绞肉用手工制作出来的比较好一样有区别。

菜肴照片见图 3.37(a~c)。

a　　　　　　　　　　　b　　　　　　　　　　　c

图3.37

实训四　韩国香梨烤肉

目的:掌握用水果腌制食物的原理和菜肴制作方法。

要求:要求牛肉切割的方法得当,腌制时间掌握恰当,工艺流程正确。

原料:牛柳 1000 克,香梨 500 克,香菜 50 克,香油 100 克,大蒜 25 克,酱油 5 克,盐 5 克,胡椒 1 克,韩国辣酱 100 克,白萝卜 500 克,直叶生菜 500 克,烟肉 150

克，洋葱50克，青椒50克，鸡腿菇50克。

学时：1学时。

工具：烤肉盘、切刀、菜板、不锈钢盆、油刷、剪刀、泡菜碟、竹篮。

步骤：

（1）先把香梨去皮、去核，剁碎后挤出梨汁备用。

（2）牛柳去筋后，正斜刀切厚片，放梨汁浸泡上，再加入香菜碎、香油、盐、胡椒粉调味，最后放适量酱油调色。当梨汁成淡茶色的时候腌制1小时。

（3）直叶生菜清洗干净后晾干水分，放竹篮内即可。

（4）白萝卜切粗丝撒盐，放置15分钟后脱水，用韩国辣椒酱制作成简易泡菜备用。

（5）青椒、鸡腿菇、洋葱、烟肉切片后装盘备用。

（6）调味碟内放香菜、香油、韩国辣酱、大蒜调和成蘸酱。

（7）烤肉部分由客人自己操作，菜肴准备结束。

注意事项：由于韩国烤肉吃的时候是客人自己烤制，所以没有烹调方法学习，但是要知道如何去吃韩国烤肉才能真正地了解韩国烤肉的内涵，以便今后菜肴的变化和发展。

吃韩国烤肉要用生菜叶包上牛肉、烟肉片、萝卜丝泡菜、小青椒碎，蘸酱后食用。

礼节要求上要一口吞下去，所以包裹的菜肴不能太大、太多。大的肉片可以使用剪刀自己动手剪成小块。

操作及菜肴照片见图3.38（a~f）。

a

b

c

d

e

f

图3.38

三、韩国蔬菜煎饼

韩国特色的蔬菜煎饼是很多韩国人的早餐食物，煎饼的风味也很多，可以加入很多原料来调和成不同的口味和风格。种类上大致有两种：一种是做早餐食用的煎饼，面粉含量多。比如各种蔬菜煎饼；另一种是做小吃的蔬菜煎饼，面粉含量少，用油煎出来食用。例如，海鲜煎饼、韭菜煎饼、土豆蔬菜煎饼等。

韩国的蔬菜煎饼历史悠久，但是近年来变化很大。特别是在第二次世界大战后美国人把比萨带到韩国，韩国人对比萨的口味比较能接受，但是对比萨上的芝士不是很欢迎，所以在自己的蔬菜煎饼的基础上变革、融合进西餐的制作方法和口味，把自己的蔬菜煎饼和比萨相结合，制作出有现代特色的韩国早餐蔬菜煎饼，深受广大市民喜爱。

实训五　韩国蔬菜煎饼

目的：掌握蔬菜煎饼的制作方法和调制面糊的浓稠，了解蔬菜煎饼的口味变化。

要求：能熟练地运用翻锅技术以及对原料的认识度来完成菜肴的制作。

原料：低筋面粉 500 克，鸡蛋 6 个，盐 3 克，胡椒粉 1 克，色拉油 250 克，韩国辣酱 30 克，洋葱 50 克，烟肉 50 克，火腿 50 克，青椒 50 克，红椒 50 克，黄椒 25 克，蘑菇 25 克，香菜 5 克。

学时：1 学时。

工具：平底煎锅、不锈钢盆、切刀、菜板、大盘。

步骤：

（1）先把鸡蛋、面粉、盐、胡椒、少许色拉油等调和成面糊，可以加入适量的水来调和面糊的浓稠度。

（2）再把洋葱、烟肉、火腿、青红椒、黄椒、蘑菇、香菜等切丝备用。

（3）平底煎锅烧热后放适量的色拉油，再把调和好的面糊放在中央，离开火放上各种蔬菜和肉类的丝。

（4）铺好各种蔬菜丝后再把平底煎锅放火上加热至金黄色，翻面后小火烘熟（图 3.39a）。

（5）取出后开八块，中央刷上韩国辣椒酱即可（图 3.39b）。

（6）也可配上韩国泡菜一起装盘食用。

注意事项：如果有现成的韩国面饼粉，直接加水调和即可使用。

制作的时候，色拉油可以放多点，但是在放面糊的时候只能从中间放，否则会分离。

煎制的时候要注意翻面的时间，太早翻面颜色不好、蔬菜等会掉落。

放蔬菜和肉类的时候一定要离开火，这样蔬菜等原料才能粘贴在面饼表面。

a　　　　　　　　　　　　b

图3.39

实训六　韭菜鸡蛋饼

目的：了解鸡蛋面糊的调制方法和制作的时候的技巧。

要求：熟练制作鸡蛋饼，掌握制作要领和调味变化等知识。

原料：面粉250克，鸡蛋8个，韭菜150克，韩国辣酱50克，香葱15克，大虾25克，蘑菇25克，冬笋25克，香菇25克，鲜贝25克，盐3克，韩国鱼露5克，高汤25克，香菜5克，胡椒1克，色拉油350克。

学时：1学时。

工具：平底煎锅、不锈钢盆、切刀、菜板、大盘、味碟。

实训步骤：

（1）先把鸡蛋、面粉、盐、胡椒、少许色拉油、辣酱等调和成面糊。

（2）再把大虾、蘑菇、香菜、冬笋、香菇、鲜贝、香葱等切丁备用。

（3）平底煎锅烧热后放大量的色拉油，再把调和好的面糊放在中央，离开火放上各种蔬菜和海鲜丁。

（4）铺好各种蔬菜丁后再把平底煎锅放火上加热至金黄色，翻面后小火烘熟（图3.40a）。

（5）取出后开八块，配上韩国泡菜一起装盘食用（图3.40b）。

注意事项：海鲜原料在烹调中很容易出水，可以先汆水后使用。

鸡蛋面糊调制的时候鸡蛋成分很大，制作的时候油一定要多。

a　　　　　　　　　　　　b

图3.40

四、韩国石锅拌饭

　　石锅是韩国料理特有的烹调方法，最早出现在韩国光州、全州，后来演变为韩国的代表性食物。目前国内餐厅在制作石锅拌饭的时候使用的器具种类繁多，有玄武岩、陶器、大理石等多种材质，有的能加热，有的却不能加热。餐厅里的拌饭可以是不用加热的，就使用陶器等材质的石锅直接拌饭，而我们介绍的石锅拌饭是要加热的必须是玄武岩、大理石等能长期加热的器具。

　　如何选择一个正宗的石锅拌饭盛器呢？最适合做石锅拌饭的材质当属大理石。刚买回来的石锅必须先用盐水煮半小时左右，再用水清洗干净。再用油涂抹在里面放火上烧热，再涂油再烧几次后就能正常使用。这样制过的石锅能长期保持坚固，不开裂。

　　如何制作石锅拌饭的米饭？选用吉林延边的粳米加适量的水和油、盐，再用电饭煲蒸好备用。然后把石锅放火上烧热到大约275℃，抹上芝麻香油，填入米饭。由于石锅受热后，将温度传给了油，油的温度几乎达到七成热，米饭从电饭煲拿出来时的温度低于石锅的温度，骤然受热后，很容易就产生锅巴，抹芝麻油还有一个作用就是让锅巴不粘锅，易分离。

　　如何吃石锅拌饭？石锅拌饭做好后一般放上黄豆芽等五色蔬菜和肉类，再和辣椒酱拌匀后加一个生鸡蛋使用。辣椒酱作为主要调料品，喜欢吃辣的可以放辣酱，不吃辣的则放大豆酱。酱料的浓稠度直接影响到食客在拌米饭时的顺畅感，酱的浓度以都能裹在米粒上，且不稀，不会让米粒发黏为最佳。要注意的一点是，用来作石锅拌饭的辣酱和炒年糕、冷面里的辣酱完全不同，后者味道更酸甜一些。石锅拌饭里的鸡蛋是代表性标志，似乎没有最后这一个鸡蛋，就不叫石锅拌饭了，有人喜欢磕一个生鸡蛋，有人喜欢将鸡蛋煎成太阳蛋再放进去，也有先放鸡蛋再放米饭的，也有最后在米饭上面磕上鸡蛋的。石锅拌饭上面摆放的各种蔬菜和肉类的刀工必须整齐、颜色搭配合理，还必须考虑到蔬菜或是海鲜原料要先脱水，这样拌好的饭口感才最好。

实训七　海鲜石锅拌饭

　　目的：初步了解石锅的种类选择的要求和制作要点与调味方法。

　　要求：掌握石锅烧制的火候控制和原料的刀工技术以及色彩搭配技巧。

　　原料：大米 250 克，芝麻香油 5 克，盐 1 克，鲜鱿鱼 50 克，香菇 15 克，大虾 50 克，蟹柳 25 克，黄豆芽 15 克，胡萝卜 15 克，香菜 3 克，鸡蛋 2 个，蕨菜 15 克，黄瓜 25 克，韭菜 15 克，韩国辣椒酱 50 克，辣白菜 50 克，鲜贝 50 克，鱼饼 50 克，白芝麻 1 克，海苔 1 克。

　　学时：1 学时。

　　工具：石锅、不锈钢盆、切刀、菜板、大盘、味碟。

步骤：

（1）先把大米加适量的盐、油、水煮熟备用。

（2）再把各种蔬菜、海鲜加工后切丝备用。

（3）石锅烧热到七成，刷芝麻香油，填入米饭。

（4）四周依次摆放上鲜鱿鱼花、香菇丝、黄瓜丝、黄豆芽、蕨菜丝、大虾、韭菜丝、鲜贝、辣白菜丝、胡萝卜丝、香菜丝、鱼饼，中间放生鸡蛋黄一个，撒上白芝麻、海苔丝等。

（5）配韩国辣椒酱上桌即可。

注意事项：海鲜原料先氽水煮熟。

菜肴照片见图3.41（a~c）。

a   b   c

图3.41

实训八　什锦石锅拌饭

目的：掌握石锅的种类选择的要求和制作要点与调味方法。

要求：掌握石锅烧制的火候控制和原料的刀工技术以及色彩搭配技巧。

原料：大米250克，芝麻香油5克，盐1克，韩国辣椒酱50克，香菇15克，黄豆芽15克，胡萝卜15克，香菜3克，黄瓜25克，韭菜15克，鸡蛋2个，蕨菜15克，鱼饼50克，白芝麻1克，海苔1克，辣白菜50克，肥牛肉50克，鳗鱼50克。

学时：1学时。

工具：石锅、不锈钢盆、切刀、菜板、大盘、味碟。

步骤：

（1）先把大米加适量的盐、油、水煮熟备用。

（2）再把各种蔬菜、海鲜、肉类加工后切丝备用。

（3）石锅烧热到七成，刷芝麻香油，填入米饭。

（4）四周依次摆放上肥牛、香菇丝、黄瓜丝、黄豆芽、蕨菜丝、韭菜丝、辣白菜丝、鳗鱼丝、胡萝卜丝、香菜丝、鱼饼，中间放生鸡蛋黄一个，撒上白芝麻、海苔丝等。

（5）配韩国辣椒酱上桌即可。

注意事项：韩国辣椒酱可以用雪碧调和后使用口味更佳。

菜肴照片见图3.42（a、b）。

a   b

图3.42

五、韩国大酱汤

　　大酱是韩国料理的主要调味品，它有调和咸淡的作用，使用大酱来制作汤菜是韩国料理的特色。一般来说酱有清酱、大酱、辣椒酱、汁酱、青苔酱、黄酱等种类，有时候可以使用辣椒酱来制作大酱汤。

　　大酱和味噌的区别：日本料理的大酱称为"味噌"，传入韩国叫"大酱"。味噌和大酱原料都用黄豆。但是大酱基本上就是黄豆做的，更咸更粗一点，里面还有很多碎好吃。味噌就很细腻了，除了用豆来做，原料里还有米、麦等成分，味道上更淡一点。

　　大酱的制作方法：一般会在农历十月开始制作大酱。先将大豆煮到变色后，打成豆沙后制成酱坯。大酱坯一般要放置在阴凉通风处，风干3～5天。再晾晒40天左右。最后再一层酱坯、一层稻草摆放在温度、湿度适宜之处，使其自然发酵。数月后，将酱坯弄碎，将其浸入淡盐水中根据口味咸淡制作成糊状，便成了大酱。

　　韩国人认为大酱蕴涵着人性的"五德"，代表了生活的丰富色彩，是料理的中心。比如大酱与其他味道混合时依旧不失其固有香味和独特滋味，代表了人的"丹心"。大酱放置很久也不会变味或变质，反而历久弥新，代表了人的"恒心"。大酱可以祛除鱼肉的腥味，代表了人的"佛心"。大酱可以减弱辛辣等刺激性味道，代表了人的"善心"。大酱可以与任何食物相搭配，代表了人的"和心"。

实训九　韩国大酱汤

　　目的：了解韩国料理的大酱蕴涵的人性"五德"和烹调的关系。

　　要求：掌握大酱制作汤菜的方法和调味技巧。

原料：肥肉 150 克，大酱 50 克，银鱼干 5 克，蛤蜊 150 克，高汤 1000 克，土豆 50 克，节瓜 50 克，豆腐 50 克，小青辣椒 5 克，小米辣 5 克，洋葱 50 克，香菇 50 克，辣酱 15 克，茼蒿 2 克，米饭 100 克。

学时：1 学时。

工具：汤锅、不锈钢盆、切刀、菜板、汤盆、汤勺、石锅。

步骤：

（1）石锅内放高汤、银鱼干、肥牛、大酱、土豆块、辣酱等煮 30 分钟左右。

（2）放入洋葱、节瓜、蛤蜊、香菇、豆腐块煮开，再放入小青辣椒、小米辣节、茼蒿等装饰即可。

（3）吃的时候配白米饭。

注意事项：韩国大酱和辣椒酱都是比较咸的调料，制作的时候不需要放盐、胡椒、味精等调味品，大酱就是很好的复合调味品。

菜肴照片见图 3.43（a、b）。

a   b

图3.43

六、韩国人参鸡

人参鸡在韩国是一道非常著名的菜肴，最有名的是在京畿道的人参鸡。人参鸡可以叫做菜，也可叫做汤，因为它既有米饭和菜肴的作用又含有大量的汤。由于它做法简便、滋味香浓而广受人们的喜爱。特别是韩国人对人参有着异乎寻常的热爱，称其为神草、灵草和不老草，被认为是对各种疾病的预防和保养身体都有特效。尤其对于女性来说，食用参鸡汤好处很多。可以滋补、养生、美容、去燥，而且在补养的同时，又不必担心发胖。因为鸡肉的热量极低，参鸡汤的做法又较为天然，使得汤清无油，非常健康。尽管参鸡汤的制作时间略长，但是对于因减肥而导致营养缺乏、体质虚弱的女性来说，食用参鸡汤是一个相当完美的选择。只滋补不增肥，是渴望瘦身的女性朋友们的最爱！

即使是三伏天，韩国人也会喝人参鸡。其实进补并不只是冬天需要，盛夏人体的水分和营养随汗液代谢得很快，很容易觉得体虚。韩国人与中国人对"人参"的理解和使用上有很大差异：在中国人看来，只有体弱、病后或老人才会用人参补身体，平常我们更注重清火解毒；而韩国人却普遍在日常生活中接触人参，人参酒、人参糖、用于美容的人参粉，还有用人参制作的各式菜肴：拌人参丝、清炖鸡、石锅拌饭等都会用上人参做原料。

其实人参鸡也可以叫汤菜，做法特别考究、很耗时。将特选的童子鸡，跟韩国高丽人参、黄芪、当归、枸杞、大枣、板栗、大蒜、糯米等数十种药材精心炖制而成，具有良好的补气、养颜、安神、抗癌、延寿之功效，清淡鲜美、营养价值极高，四季食用皆宜。此汤尤为韩国运动员所推崇，是韩国第一名汤，特别适合夏天食用。

实训十　韩国人参鸡

目的：了解基础的韩国药材使用常识和掌握菜肴制作技巧。

要求：掌握菜肴的制作工艺和流程，认识药材加工菜肴的方法和简单的禁忌。

原料：童子鸡 1000 克，糯米 100 克，黄芪 10 克，水 1500 克，高丽参 20 克，蒜 10 克，红枣 8 克，葱 10 克，板栗肉 25 克。

学时：1 学时。

工具：汤锅、不锈钢盆、切刀、菜板、汤盆、汤勺、石锅。

步骤：

（1）童子鸡从肚子下面，去除内脏与油脂，清洗干净备用。

（2）糯米淘洗干净，浸泡在水里 2 小时左右后，放到筛子上沥去水分。

（3）黄芪清洗后，浸泡在水里 2 小时左右。

（4）参洗净后切去头部（图 3.44a），蒜头与红枣清洗干净。葱清理洗净，切成条状。

（5）锅里放入黄芪与水，大火煮 20 分钟左右，沸腾时转中火续煮 40 分钟左右，用筛子过滤做成黄芪水。

（6）将糯米、参、蒜头、红枣、板栗肉填入小鸡肚子里（图 3.44b），为防止材料外漏，需将两只鸡腿交叉绑好。

（7）锅里倒入小鸡与黄芪水，大火煮 20 分钟左右，沸腾时转中火，续煮 50 分钟左右，至汤色变成乳白色，调味即可（图 3.44c）。

注意事项：糯米不宜放太满，要留出来 1/5 左右的空间。

鸡肉可以用筷子夹着蘸盐吃，肚子里的糯米饭可以放在汤里用勺子吃。

人参不吃，因为其营养成分已经融入了汤里。

a   b   c

图3.44

七、韩国冷面

韩国冷面一般是用荞麦面或小麦粉里掺入少量绿豆粉制作的面条煮熟后冲冷，放入牛肉冷汤内，再放上肉、黄瓜、梨和其他蔬菜等和鸡蛋搭配制作而成，顾名思义叫水冷面。水冷面是主要用荞麦面或小麦面加绿豆淀粉加水拌匀，压成圆面条。水冷面由于荞麦的含量高所以比咸兴冷面面条粗更有弹性。口感上讲究酸酸甜甜，清凉爽口，滑顺润喉。

在朝鲜的咸兴地区还有一种用辣椒酱和各种材料混合做成的微辣拌面，顾名思义叫拌冷面。咸兴冷面的面中地瓜粉和土豆淀粉含量比较高，这主要是因为咸兴地处高原，主要产杂粮。另外咸兴是海滨城市，海产品丰富，因此在冷面的调料中加入了很多海鲜成分，尤其冷面上覆盖海鲜生烩拌面食用为主要特征。口感上讲究：越吃越辣，越辣越爱，直至沁人心扉、荡气回肠、余味绵长，给人以醇美的享受。

冷面整体色彩艳丽，赏心悦目，面条筋道柔软且有弹性，加汤的水冷面清爽光滑，特别是糖醋味渗到汤水里之后，整碗汤都酸酸甜甜的，令人食欲大增，而拌冷面则香辣开胃，非常适合北方人的口味。

过去在冬天吃冷面的比较多，现在主要在夏天吃。

实训十一　韩　国　冷　面

目的：了解和认识水冷面和冷拌面的区别以及面条的种类选择。

要求：掌握韩国冷拌面的制作方法。

原料：土豆面条 150 克，鹌鹑蛋 1 个，芥末膏 5 克，姜蓉 5 克，香葱 2 克，芝麻 1 克，海苔丝 1 克，韩国酱油 10 克，香菇 5 克，黑木耳 2 克，麻油 1 克，白糖 1 克，味素 1 克，竹叶 1 片，冰渣 150 克，银鱼干 1 克，米酒 2 克，高汤 500 克，海带 1 克。

学时：1 学时。

工具：汤锅、不锈钢盆、切刀、菜板、汤盆、汤勺、木漆盒。

步骤：

（1）先用高汤、海带、银鱼干、香菇、姜、韩国酱油、黑木耳、麻油、白糖、味素等熬制冷面酱油。

（2）再煮土豆面条，煮好后立即放入冰水中冷却备用（图3.45a）。

（3）木盒内先垫冰渣，再放上竹帘。把面条卷好放上（图3.45b）。

（4）配上黑木耳、姜茸、香葱碎、芥末膏和切开的鹌鹑蛋即可（图3.45c）。

注意事项：韩国冷面在食用时要加芥末。因为冷面的主要材料荞麦为胃寒食物，加上汤料也是冰的，容易引起胃寒，加芥末是为了让食用者身体恢复温暖。

韩国冷面要放鸡蛋。蛋黄有保护胃黏膜作用，防止过冷的食物对胃的伤害。

a   b   c

图3.45

93

实训十二　韩国水冷面

目的：了解和认识水冷面和冷拌面的区别以及面条的种类选择。

要求：掌握韩国水冷面的制作方法。

原料：荞麦面条150克，鸡蛋1个，芥末膏5克，姜茸5克，香葱2克，芝麻1克，苹果丝30克，韩国酱油3克，香菇5克，黑木耳2克，麻油1克，白糖1克，香菜1克，竹叶1片，牛肉150克，银鱼干2克，米酒2克，高汤1000克，海带1片，辣萝卜50克。

学时：1学时。

工具：汤锅、不锈钢盆、切刀、菜板、汤盆、汤勺、汤碗、味碟。

步骤：

（1）先把高汤、牛肉、香菇、黑木耳、白糖、酱油、银鱼干、米酒、海带等熬制成基础牛肉汤，再把牛肉取出切薄片备用，原汤调味冷却备用。

（2）荞麦面条煮好放入冰水降温取出备用。

（3）汤碗内放冷牛肉原汤，和荞麦面条。

（4）上面放上苹果丝、薄牛肉片、香葱节、黑木耳、香菇、芝麻等原料即可。

（5）配芥末膏碟、鸡蛋碟、姜茸碟、泡菜碟上桌。

注意事项：菜肴制作的关键是原汤的熬制，要求汤色清、味浓郁、面条滑爽。

菜肴照片见图 3.46（a~c）。

a   b   c

图3.46

第四章
印度菜制作

第一节 印度菜概述

印度菜的烹饪充分体现了香料与食物的巧妙配合，其特点是外观朴实无华、崇尚自然、制作精细、工序考究，香料使用量大，风味浓厚而独特。

印度人在吃的原料方面和中国没有多大区别。在印度新德里的食品市场你会发现，印度人吃的食物大多数和我们中国人没有什么差异。中国人吃的蔬菜到了印度菜市，照样是柜台上的主角。中国菜与印度菜有两点不同：烹调方法和所用调料的不同。中国菜注重烹调方法，但是对于印度菜来说，可能调料才是最重要的。

印度的饮食习惯与种族、地区、宗教和阶级地位关系密切。食物的口味多为酸、甜、苦、辣、咸等。在烹饪中调味以香料和香草为主，除了咖喱使用广泛以外，干辣椒、胡椒、各种香料、香草等使用灵活，配以各种蔬菜、水果、海鲜和肉类等，菜肴品种变化多样。

在印度 80% 的人信奉印度教。印度教是佛教的变化下产生的一个教派，他们信奉和佛教一样吃素。不仅和佛教一样不吃荤腥的食物，还把产在地下的食物看作不洁净，例如，土豆、洋葱、胡萝卜等。特别是印度教里的耆那教徒，是严格的素食主义者。一些印度人对素食的较真达到令人难以置信的程度。

印度虔诚的佛教徒和印度教徒都是素食主义者，耆那教徒更是严格吃素，吃素的人占印度人口一半以上，因此，可以毫不夸张地说，印度是素食王国，素食文化是印度饮食文化中最基本的特色之一。由于印度多数人喜欢吃素，印度开有不少只为素食主义者服务的饭店。西方国家的流行食品不得不适当地印度化。在中国销售非常好的必胜客在印度有专门为素食主义者开设的比萨饼店；麦当劳供应的食品，不是最著名的牛肉汉堡，也不是鸡、鸭、鱼肉，而是蔬菜汉堡。肯德基在印度办不下去，只好撤走，放弃了这个有 10 亿人口的消费市场。

但是现在的印度虽然吃的讲究和禁忌很多，人们却互相宽容、包涵。这具体体现在许多家庭在饮食问题上"一家两制"，甚至"一家多制"。一些中国姑娘嫁给印度人后，吃素的丈夫们一般不允许在家里做荤菜吃，但不反对妻子在外面吃。一些印度朋友尽管自己吃素，但在宴请中国朋友时，会主动准备好一些荤菜。

 相关知识

印度是世界四大文明古国之一，具有绚丽的多样性和丰富的文化遗产和旅游资源。几千年的文明积淀使印度成为一个充满神秘色彩、十分迷人的国度。印度北部雄伟的喜马拉雅山倚天而立，佛教圣河恒河蜿蜒流转，世界七大奇迹之一的泰姬陵优雅妩媚，莫卧尔王朝的阿格拉古堡庄严壮观。作为世界上面积第七大的国家，印度区别于亚洲的其他地区，它以高山和海洋作为疆界，在地理上形成一个完整的实体。

一、印度菜的历史

印度是一个多民族国家，其居民大多信奉印度教以及伊斯兰教、基督教、锡克教、佛教。在饮食结构和我国基本一样，即北方盛产小麦，主食一般以面食为主；南方盛产稻谷，主食一般以大米为主。

印度人的宗教信仰和饮食文化在印度菜肴的历史演变中起着重要的作用，但是印度菜的发展历史深受外来文化的影响，特别是自蒙古和英国的影响就很大。在印度和欧洲之间的香料贸易就曾被称为欧洲发现之旅的重大代表。

在殖民时期，欧洲的烹饪方式被传入印度，给印度烹饪带来很大的灵活性和多样性。在印度饮食的发展过程中，通过与世界各国的文化交流，逐渐形成并创新出自己独特的烹饪风格，从而风靡全球。

印度有世界博物馆之称。论文化可谓千姿百态，但说到饮食，却似乎只有一种样式。印度东北部地区接近东南亚，饮食上也有些特异。除此之外，其他地区饮食方式大体相同的。若要细分，南印度居民点更多嗜食香料，平均每天要摄入50克香料，喜欢比较重的味道，越刺激越好，烹调上也有殊异之处。北部地区的口味比较清淡一点，故印度可分南、北两菜系。

印度人吃东西时不用刀叉、筷子，而用手来代劳（右手的前三指）。根据宗教习惯，左手不用来致礼，不递交贵重东西，也不能把饭菜送入口中。主食之外，当然有菜。印度人一般人不吃牛肉和猪肉。羊肉、鸡肉、鱼虾配上米饭或烤饼是印度人的主食。印度蔬菜产量少，植物性食物多是些萝卜、洋葱、土豆、豆类等。中国菜讲究色、香、味，印度菜似乎讲究更多的是营养，糊状菜居多，而且还加以各种色素，因此有黄的汤，绿的糊，红的泥。如果没有一段时间的适应，是很难习惯的。

刚来印度的外国人因不了解印度晚饭太晚的习惯，弄得常常叫苦不迭。在印度晚餐一般8点后，饭店晚上最早在7点半才开门。印度人喜欢夜生活，每天开始工作的时间很迟，即使在印度的经济首都——孟买，早上10点才上班。因此，他们不急于吃晚饭。

一次，印度人举行家宴，请帖上说的是晚8点开始，但到晚上11点还没有开始吃饭。原来，印度人举行这种活动的习惯是，晚饭开始前，每个人端一杯威士忌或其他饮料，站着或坐着自由地交谈，侍者则不时送来一些印度的点心，这有点类似于西方的鸡尾酒会。晚饭的主菜只是萝卜、白菜、土豆、番茄而已，在中国人看来，唯一稍

微上档次的只不过是饭后提供的冰淇淋而已。

　相关知识

　　"咖喱"一词，即来源于印度的一个部落（印地语系旁支繁多），是"调味酱"的意思；又有一说，"咖喱"是佛祖释迦牟尼发明的，说他如中国的神农一样遍尝百草，还教了印度人民制作"咖喱"。诞生自热带亚洲地区、香气馥郁口感浓烈的这道佳肴，高温暑热里，这也不想吃那也不想吃的时候，来一场咖喱香料的洗礼，十分开胃醒脾。除了一般超市速成咖喱块惯常的甜浓温文滋味之外，咖喱事实上拥有更丰富多样的内涵，等着人们的探究。咖喱源自印度。与一般人的既定印象不同，在印度并没有所谓咖喱粉或咖喱块这样的东西，"咖喱"一词，在当地其实指的是"将各种香料混合烹煮"。所以，一般印度人烹调咖喱时，往往料理台上一字摆开各种各样的香料，一种抓一点往锅里丢，每一家都有各自的私房味道与秘方。传统的妈妈、奶奶们以及较注重品味的美食饕客们，仍旧以亲身调配的独家配方为主流。

二、印度菜的发展状况

　　印度的食物在世界上独具特色，也许没有一个国家的饮食文化像印度那样，具有如此明显的宗教色彩和如此深刻的文化意蕴。印度有十多个民族，居民多信印度教，还有伊斯兰教、基督教、锡克教、佛教。在饮食上一般以稻米、面食为主。印度人不吃牛肉但喝牛奶，并善于调制奶制品。菜肴风味喜爱咖喱，嗜好酸辣，成菜汤量多，重油重色。烹调方法以烧、煮、烩、炸、炒等为多。饮食时人们喜用手抓食，高层人物多用刀、叉、勺进餐。

　　在古雅利安时期，印度人对美食就形成了独特的意识和见解。在后来外来文化的征服中，印度的烹饪风格受到了明显的影响。印度烹饪历史上影响最大的是波斯人，波斯人在印度期间引进了他们考究的进餐形式和用各种干果、坚果烹制的美食。

　　然后蒙古人把火锅的菜式带到印度，再后来希腊和中东的食物材料及烹调技术传入了印度。

　　随着中国和印度的文化和商贸交往，带来了很多的烹饪文化理念，在烹饪中引入了炒的烹饪方式和甜香味的菜式，尤其对孟加拉、古吉拉特邦等影响较大。

　　葡萄牙历史上对印度的侵略带来了番茄、辣椒和土豆等饮食使印度菜带有了的葡萄牙风格。

　　英国的殖民统治带来了番茄沙司和英国的茶，并在印度广泛流行开来。英国的菜式并没有在印度流行开来，但是具有讽刺意味的是今天英国菜肴的主要组成之一就是印度菜，占用相当大的比重。

印度人烹制荤菜喜欢挂糊，不善用浆汁，调味多用丁香、八角、小茴、豆蔻、辣椒粉、黄姜粉、马萨拉咖喱香料粉等。在印度菜肴中，咖喱类菜肴的特色分明。有人说中国菜是"清清白白"，印度菜"糊糊涂涂"。

印度人较少喝汤，以各式饼类取代米饭为主食。印度菜中的开胃菜风味独特，如用机器压制成的黄豆泥，以油炸后酥香适口，风味浓厚，还可以撒点辛香粉和稠咖喱，增加风味。香酥的咖喱脆饺素有"孟买蝴蝶"之称，外皮似越式春卷皮，内包两种口味，马铃薯或肉酱，还能吃出青豆仁、青辣椒丁和洋葱香味，若沾上特制的绿酱，口感更佳。绿酱可用香菜末、洋葱、盐、柠檬汁、青辣椒做成。

另外，印度人最爱吃的除了洋葱、咖喱、膳饼之外，还有各式奶酪制品。最特别的吃法分为甜与咸两种，润颜又助消化。如黄瓜奶露，在新鲜柠檬糊状奶酪里放入小黄瓜、洋葱及番茄，酸咸开胃。另一种液态饮品酸乳，里面可随个人喜好添加糖、盐或者甜巧克力粉。

由于宗教信仰的缘故，印度菜多羊肉、鱼、鸡肉与新鲜蔬菜。各食材根据不同香料烹调出各具特色的醇美原汁烩菜。最典型的是干烧咖喱虾。先以鲜虾浸入烫咖喱汁中除腥，再加入香料爆香块炒，沥汁后起锅，肉质弹性特佳。

印度人餐后习惯吃奶酪饮料，可去饱胀感。或者饮用大吉岭奶茶。印度茶是直接将茶配入牛奶，加上姜、糖、香料慢火细煮2分钟，或者直接加入炼乳即可。另一道极品"玫瑰奶油茶"，柔滑纯郁的玫瑰香味扑鼻先醉，含入舌尖，纯香微蕴，更易醉人。

马萨拉茶要添配生姜与小豆蔻。饮水是从上面滴下来用嘴接，饮茶是倒入盘中用舌舔。习惯于分餐制多系席地围坐，右手抓食。

 相关知识

由于历史与宗教的原因，印度社会自然而然产生了越有地位、越有文化的人越吃素；反之，没有地位、没有文化的人什么都吃这一现象。加之，宗教色彩特别浓厚的印度素食主义者协会等团体极力倡导素食，这就使吃素的人长期以来居高不下。

受宗教禁忌的影响，烟酒在印度不怎么流行，宴会上印度人几乎不劝酒，嗜酒成瘾者或酒量很大者极少，从未见过印度人一饮而尽地干杯，也从未见过有人行酒令或醉倒过。印度抽烟的人极少，公务往来和红白喜事从未有人敬烟。印度的烟仅10支装，比中国的烟短。印度人口袋里装一包烟、一个打火机的不多，一些烟民宁愿买一支抽一支。

第二节 印度菜主要流派及菜肴特点

一、印度菜主要流派

印度菜是南亚印度大陆菜系的总称，菜肴整体特点是香料香草和各种蔬菜、水果使用广泛。由于气候、区域、地势、历史、宗教等不同，烹饪方法差异很大，如印度社会中，素食主义大量盛行，越有文化越有地位的人越吃素。印度虔诚的佛教徒和印度教徒都是素食主义者，耆那教徒更是严格吃素，吃素的人占印度人口一半以上，因此，可以说，印度是素食王国，素食文化是印度饮食文化中最基本的特色之一。每一户印度家庭中的菜肴都千变万化，各有特点。因此，总的来说，印度菜，因为地区性的差异，印度大陆人口种族等原因，变化很大，流派众多。

1. 按流派分

印度菜可分为南北两大菜系，北印度菜的口味以微辣为主，以咖喱为特色，菜色清爽，更受欢迎，所以世界各国的印度菜多是北印度菜。南印度菜系，香料多用咖喱叶和芥末子，口味较重，以酸、咸、辣为主，原料多用椰子，菜式简单。

2. 按辣度分

印度菜看起来品种繁多，大体可以分为不辣、微辣和辛辣三个类型：

不辣——用洋葱泥、杏仁等来调味，味道微甜，完全不辣，比较有营养。

微辣——用咖喱调味，最典型的印度菜。红咖喱、绿咖喱、黄咖喱在印度菜中都很常见，味道属于微辣或中辣，比中国川菜辣味稍弱，但是仍然感觉比较刺激。

辛辣——属于印度菜中最辣的一种，加辣椒粉制作而成，味浓汁辣，是印度西部沿岸地区的名菜。通常说来，印度北方菜的味道微辣，而南方菜味就很辣，这也是由于印度南北气候的差异造成的。

二、印度菜的特点

印度菜特别讲究食材要新鲜，喜欢用现磨香料制作各种辣度的咖喱，拌入椰浆和酸奶，增加酱汁的风味。印度人在食物原料选择上比较单一，通常以鸡肉、羊肉、海鲜和各类蔬菜为主；调料虽然种类繁多，但是每道菜都有一款主要的调味料，孜然、马萨拉等（图4.1）；菜肴的烹饪方式也相对简单，有烧、烤、炒等几种。

印度菜口味较浓，但越往北部则口味越淡，菜味微辣；印度南方，菜味很辣，这是由于南北气候的差异造成的。一般食物的烹调法自古以来就受蒙古人的影响。其中

图4.1

最受人欢迎的一道菜泥炉炭火烤鸡，是用香料腌鸡，放入一种印度特制的炉灶上用文火烤，烤到一定火候，即鸡肉鲜嫩溢汁未被烤干时，吃起来十分美味可口。鱼也可以用同样的方法来烤，一样的美味可口。印度还有很多人是素食主义者，为了补充蛋白质，豆类就成了他们每餐必吃的东西，并永远作为他们的一道主菜呈现给宾客。

在许多中国人看起来是美味佳肴的东西，印度人基本上不吃。印度没有野味店，不仅野味无人问津，就是鳝鱼、泥鳅、甲鱼、乌龟、蛇这些东西，印度人也不吃，至于吃狗肉、猫肉、鸽子肉等，更是想都不敢想的事。印度人基本上不吃各种动物的内脏杂物，因而价格便宜得不可思议，有的几乎等于不要钱。例如，5 个卢比（相当于 1 元钱人民币）可以买到 1 千克鸡爪。由于素食主义者人数众多，有的蔬菜价格反而很高，例如，白菜价格同鸡肉差不多，芹菜论根卖，5 个卢比才能买到一根（约 50 克）。印度虽然吃素的人很多，但并不等于这些人缺乏营养，因为印度人喝了大量的牛奶，每次喝茶，印度人都会在茶里加一些牛奶和糖。值得指出的是，在印度，绝大部分长寿的人是素食主义者。

印度人做菜用得最多、最普遍的是咖喱粉。咖喱粉是用胡椒、姜黄和茴香等 20 多种调料合成的一种香辣调味品，呈黄色粉末状。在某种意义上说，印度饮食文化也可以称为咖喱文化，这种饮食文化以香辣味道为特色。人们谈到印度饭，首先想到的十之八九是咖喱饭。咖喱饭可以是素食，也可以是荤食；可以是米饭，也可以是面食。印度人对咖喱粉可谓情有独钟，几乎每道菜都用，咖喱鸡、咖喱鱼、咖喱土豆、咖喱菜花、咖喱汤等，每个经营印度饭菜的餐馆都飘着一股咖喱味（图 4.2）。

图4.2

从表面上看，中国菜的特点是"清清白白"，色、香、味三者，色是摆在第一位的，因好看可以激发食欲；印度菜的特点则是"糊糊涂涂"，各种主菜都放一大把咖喱粉，看起来都一个颜色。荤食不亲口尝一尝，很难区分是什么肉类，蔬菜也是捣成糊状，放些咖喱。在中国人看来，长时间的煮熬，使维生素尽失，令人觉得可惜，印度人则乐此不疲。说印度菜把香放在首位恐怕并不过分。不过，印度菜的香并非中国人所习惯闻的那种香味，而是太香了；印度菜的辣味也并非中国人所习惯的咸辣、酸辣或麻辣，而是"冲"鼻子的辛辣，许多中国人恐怕一时难以适应。在印度生活了几十年的许多老华侨，普遍反映印度菜太香太辣，他们仍不习惯。

有人说："辨别印度菜正宗与否，只要试点两道菜就可以了，一道是鲜青柠汁，一道是印度飞饼。"此话很有道理。青柠檬酸甜清香，是印度菜乃至所有正宗东南亚菜系不可或缺的配料之一，用青柠檬而不是散发着浓香的黄柠檬来配菜，可以保证食物固有的香味不受破坏，更突出了食物的原味及咖喱的本真。

至于中国人所谓的"印度飞饼"，在印度称之为"加巴地"，似乎更应称做是一件绝妙的手工艺品。印度人做加巴地时，先利索地和面，捏成一个小圆团，再擀几下，便放入小平锅中加热。在小平锅旁边还有一个简易的小炉子，燃着蓝色的火苗，可是上面却没有锅。当平锅中的饼快熟，有点胀起来的时候，厨师会利索地用手把它拎起来，一下子扔到旁边那个炉子的火中去。

印度人还特别喜欢用手抓饭吃。受过西方教育的印度人或中产阶级，在比较正式的场合用刀或勺子吃饭，但多数印度人，包括上流社会的人通常更习惯于用手抓饭吃。印度人进餐时一般是一只盘子、一杯凉水，把米饭和饼放在盘内，菜和汤浇在上面。印度人的主食主要是米饭和饼，面条、饺子、包子、馒头、烧卖基本上没有。他们喜欢吃的并非中国人的白米饭，而是把饭煮熟后，放些油和调料，饭的颜色呈黄色，或者同别的什么菜炒在一块。在中国流行的"印度飞饼"也是印度人的主食。印度飞饼用的麦面都是没有去掉壳的，而中国的"印度飞饼"，用的都是去掉壳的精粉，其口感与印度的饼其实不一样。印度人吃米饭或吃饼时，喜欢用手把菜卷在饼内，有点像中国人吃北京烤鸭，或用手把菜和饭混在一起，在盘里搅拌几下，抓起来捏一捏，然后送进口内。这种吃法，如换成用刀、勺子或筷子，反而不方便了。

 相关知识

> 印度菜口味较浓，但越往北部则口味渐淡。新德里是印度美食中心，大小餐厅林立，一般食物的烹调法自古以来就受蒙古人的影响，其中最受人欢迎的一道菜叫做坦肚喱，是用香料腌过的鸡，放入一种印度特制的炉灶上用文火烤，到一定火候时，鸡肉芬芳而肉汁也未被烤干，十分美味可口。除了用鸡烤之外，鱼也可以用同样的方法来烤，一样的美味可口。还有一道叫做"可马"的咖喱料理也很受欢迎，是把肉用凝乳泡软，即可食用，味道很特别。印度还有一种"家常菜"，普通老百姓常常都吃这个，是用一种未切的面包叫Nan，用来和米饭一起配着咖喱吃，米饭的清香夹带着咖喱的美味，定能让你一饱口福的。

103

第三节　印度菜原料介绍

印度菜原料有以下几种：

（1）印度肉桂。印度的肉桂和欧洲的肉桂粉不同，像树皮的是印度肉桂。口感甜而芳香浓郁，是印度奶茶中必不可少的调味品。印度最好的肉桂产自喀拉拉邦（图4.3、图4.4）。

图4.3　　　　　　　　　　　　图4.4

（2）印度咖喱酱。一般和咖喱粉配合使用，是深褐色的酱状。以印度产的为佳（图4.5）。

（3）白胡椒。香料中的国王，在印度的喀拉拉邦一带出产上等的胡椒（图4.6）。

图4.5　　　　　　　　　　　图4.6

（4）辣椒。印度产有不同的颜色、大小的辣椒，辛辣味的程度也不同。印度菜一定有辣椒调味，印度产的一种"魔鬼辣椒"号称是世界上最辣的辣椒（图4.7～图4.12）。

图4.7　　　　　　　　　图4.8　　　　　　　　　图4.9

图4.10　　　　　　　　　图4.11　　　　　　　　　图4.12

（5）印度咖喱粉。咖喱汁中常用的调味品，一般是黄色的粉末状。以印度产的为佳（图4.13）。

（6）葫芦巴。药性温热，带有一种类似于苦瓜一样的清苦味道。煲排骨汤、鱼汤、鸡汤的时候加入三四勺就行，煲出来的汤清凉润肺，还能降低血糖和胆固醇，主要出产于印度的古加拉特、拉加斯坦等邦（图4.14、图4.15）。

图4.13 图4.14 图4.15

（7）马萨拉粉。咖喱调味料的一种，粉末状，由多种香料配制，适用于烹饪各类素菜，在印度语里 garam 是辛辣的意思，而 masala 是酱或混合香料的意思。Garam Masala 是由不同研磨的香料而组成的，可以独立使用也可以和其他的香料一同使用（图 4.16～图 4.19）。

图4.16 图4.17 图4.18 图4.19

105

（8）印度红花，又叫番红花或西红花，原产西班牙，但在沙特阿拉伯、巴基斯坦、印度等地也有着悠久的栽培历史（图 4.20～图 4.22）。

图4.20 图4.21 图4.22

（9）玛沙拉炸鸡粉。专门来制作炸鸡的复合辣椒咖喱炸粉。咖喱调味料的一种，粉末状，由多种香料配制成。适用于鸡肉、其他肉类烧烤时使用（图 4.23）。

（10）姜黄粉。黄姜粉作为印度人的饭桌上必不可少的一种调料，例如，有用在蔬菜中，或是肉类中，还有放在米饭中蒸煮的，如此被广泛食用（图 4.24、图 4.25）。

图4.23　　　　　　　图4.24　　　　　　　　　　图4.25

（11）印度特色大米。印度南方盛产巴适马帝大米，粒长且细，蒸出来比较松散。一粒粒如珍珠般，带有很浓郁的大米香气，蒸的时候注意放水要比蒸其他米多1/3的水，它比较容易吸水（图4.26）。

（12）烤鸡酱料。印度特色烤鸡专用酱汁（图4.27）。

（13）烧烤酱。可以用在各种羊肉、海鲜上的特色烤肉酱汁，使用简单方便（图4.28）。

图4.26　　　　　　　　图4.27　　　　　　　　图4.28

（14）印度芝士。印度人把牛看得很神圣，不吃牛肉，但是吃牛奶做的芝士（图4.29、图4.30）。

（15）黑胡椒豆饼。直接放入烧开的油中煎炸一会，即可食用。味道香脆、偏咸，是印度常见的一种用来蘸各种糊状的酱汁的豆饼（图4.31）。

图4.29　　　　　　　　图4.30　　　　　　　　图4.31

（16）鹰嘴豆。鹰嘴豆是大自然赐予印度人的珍品，在世界上享有"黄金豆"的美称。早在 20 世纪七八十年代，欧洲人就大量进口，并已将其作为日常饮食，并列为糖尿病病人的主要补充食物（图 4.32～图 4.34）。

（17）印度黑豆蔻（图 4.35）。

图4.32   图4.33   图4.34   图4.35

（18）孜然芹。孜然是孜然芹的果实。一般孜然芹与其干果种子同名，都叫孜然。孜然是除胡椒以外的世界第二大调味品，还有很高的药用价值。孜然现在作为特征味道被用来鉴别是否属于印度、得克萨斯-墨西哥、北墨西哥及古巴烹饪风格。孜然是辣椒粉、咖喱粉等混合调料的重要成分（图 4.36～图 4.38）。

图4.36   图4.37   图4.38

第四节　印度菜肴制作

一、印度咖喱类菜肴

咖喱据说起源于印度。"咖喱"一词来源于坦米尔语，是指用许多的香料加在一起烹煮。印度民间传说咖喱是佛祖释迦牟尼所创，由于咖喱的辛辣与香味可以压制羊肉的腥臊，因此咖喱非常适合不吃猪肉与牛肉的印度人。地道的印度咖喱会以丁香、小茴香子、胡荽子、芥末子、黄姜粉和辣椒等香料调配而成，由于用料重，加上很少使用椰浆来减轻菜肴的辣味，所以正宗的印度咖喱辣度强烈兼浓郁。

印度菜肴和咖喱密不可分，从开胃菜到点心，都带有或浓或淡的咖喱香味，从北方的微辣到南方的超辣，咖喱随着地域的变化，辣的程度也逐渐在升级。

印度菜用的咖喱通常都是粉状的，咖喱的印度语叫 Masala；要认识 Masala，要先认

识辣椒——印度语叫 Mirch，红的叫 Lal，绿的叫 Hari，只有红的用来煮咖喱，但煮出来的不止红色，还有黄有绿、有橙有啡，大中小辣兼而有之。

而印度咖喱中更是可分重味和淡味两种，黄咖喱、红咖喱和玛莎拉咖喱属重味，绿咖喱、白咖喱属淡味。一般来说，白咖喱与羊肉、绿咖喱与豆腐、玛莎拉咖喱与海鲜、黄咖喱与羊骨、红咖喱与鸡是比较好的搭配。咖喱是由多种香料调配而成的酱料，常见于印度菜、泰国菜和日本菜等东南亚国家，一般配合肉类和米饭一同食用。咖喱的种类很多，有红、青、黄、白等多种类型，适用于不同的原料和风味，其中最有名的是印度咖喱和泰国咖喱的烹制方法。

实训一　印度咖喱蔬菜

目的：了解印度咖喱菜肴的风味变化，熟悉各类咖喱香料的应用方法。

要求：掌握制作方法，学习刀工技巧。

原料：土豆 300 克，洋葱 200 克，胡萝卜 300 克，花菜 300 克，豆角 300 克，番茄 200 克，青椒 300 克，红椒 300 克，小红辣椒 3 个，芥末籽 10 克，姜蓉 20 克，蒜蓉 20 克，小茴香 10 克，香菜籽 10 克，红椒粉 5 克，马萨拉咖喱香料 10 克，姜黄粉 10 克，小豆蔻 2 克，丁香 4 个，肉桂 1 个，黑椒碎 10 克，油 50 克，椰浆 200 毫升，水 100 毫升。

学时：学时 1 学时。

工具：切刀、不锈钢盆、小刀、塑料切板、小碗、竹筷、台秤、量杯。

步骤：

（1）将土豆、花菜、洋葱、胡萝卜、花菜、豆角、红椒、青椒、番茄都切块。

（2）锅中加油烧热，放入小红辣椒、芥末籽、姜蓉、蒜蓉、小茴香、香菜籽、红椒粉等炒香，放入蔬菜块炒匀，加马萨拉咖喱香料、姜黄粉、小豆蔻、丁香等，加水煮沸。

（3）至蔬菜熟透，入味后，加椰浆煮沸调味，配酸奶酪和白米饭上菜即成。

注意事项：关键是小火炒各种香料，切忌炒焦。

菜肴照片见图 4.39（a~c）。

a　　　　　　　　　b　　　　　　　　　c

图4.39

实训二 印度咖喱羊肉

目的：了解印度咖喱菜肴的风味变化，熟悉各类咖喱香料的应用方法。

要求：掌握制作方法，学习刀工技巧。

原料：羊后腿肉 2 千克，干辣椒 100 克，洋葱 300 克，姜蓉 50 克，蒜蓉 50 克，红椒粉 30 克，小茴香籽 50 克，青柠檬汁 50 毫升，香叶 10 片，丁香 4 个，豆蔻 10 克，肉桂 5 条，黑椒碎 5 克，姜黄粉 30 克，香菜籽 50 克，孜然 10 克，番茄 2 个，番茄酱 50 克，鸡汤 2 升，酸奶酪 200 毫升，咖喱粉 30 克，土豆 2 个，盐和胡椒粉适量，油 100 克，香菜 200 克，马萨拉 20 克。

学时：学时 1 学时。

工具：切刀、不锈钢盆、小刀、塑料切板、小碗、竹筷、台秤、量杯。

步骤：

（1）羊后腿肉洗净切块，加盐腌制；番茄去皮切块；土豆去皮切块炸熟。干辣椒洗净切段。

（2）将羊肉用油煎上色，取出备用。

（3）锅中加油烧热，放入干辣椒、洋葱、姜蓉、蒜蓉炒香，加红椒粉、小茴香籽、青柠檬汁、香叶、小豆蔻、肉桂、黑椒碎、姜黄粉、香菜籽、马萨拉咖喱香料和咖喱粉炒匀。

（4）倒入鸡汤煮沸，放入羊肉、孜然、丁香、番茄、番茄酱，小火煮至入味。

（5）调味后，加酸奶酪、土豆块、香菜即成。

注意事项：可以用鱼肉、鸡肉代替羊肉，风味亦佳。

菜肴照片见图 4.40（a~c）。

109

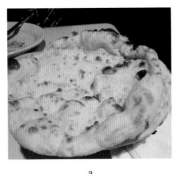  

a   b   c

图4.40

实训三 咖喱帝王蟹

目的：了解印度咖喱菜肴的风味变化，熟悉各类咖喱香料的应用方法。

要求：掌握制作方法，学习刀工技巧。

原料：帝王蟹 6 只，马萨拉咖喱香料 10 克，咖喱粉 30 克，姜黄粉 20 克，洋葱

300 克，香菜叶 200 克，姜蓉 50 克，蒜蓉 40 克，丁香 2 个，红辣椒 100 克，青辣椒 100 克，孜然 10 克，红椒粉 20 克，油 100 克，小豆蔻 10 克，香菜籽 10 克，肉桂 1 个，黑椒碎 2 克，罗望子酱 10 克，椰丝 30 克，淀粉 20 克，白兰地 30 毫升，椰奶 200 毫升，香油 20 毫升。

学时：1 学时。

工具：切刀、不锈钢盆、小刀、塑料切板、小碗、竹筷、台秤、量杯。

步骤：

（1）将蟹改刀切块，加盐、淀粉腌制备用。

（2）锅中加油、加 1/2 洋葱碎炒香，放辣椒、丁香、小豆蔻、香菜籽、孜然、红椒粉、椰丝、肉桂和黑椒碎炒匀，放入搅碎机中，加罗望子酱搅碎成香辣酱。

（3）将另 1/2 洋葱碎、姜蓉、蒜蓉、香辣酱用热油炒香，加入蟹块、马萨拉、咖喱粉、姜黄粉、鸡汤和椰浆煮沸，调味后，撒上香菜叶、香油即成。

注意事项：关键是控制咖喱香辣风味，也可以加入鸡汤增鲜，降低椰浆的用量。

菜肴照片见图 4.41（a~c）。

| a | b | c |

图4.41

二、印度风味烤羊

印度菜以咖喱风味闻名，善用各种香料，适用于鱼、肉和各种蔬菜，既不掩盖食物本身的天然滋味，又有浓郁的香味，其中印度风味烤羊腿就是广受欢迎的代表菜之一，地道的印度风味羊腿是采用泥炉炭火法 Tandoori 烤制而成，风格独特。

实训四　印度风味烤羊腿

目的：了解印度风味烤羊腿的风格类型，熟悉羊腿的加工制作方法。

要求：掌握制作方法，学习刀工技巧。

原料：酸奶酪 200 克，马萨拉 40 克，红椒粉 20 克，薄荷叶 30 克，蒜蓉 30 克，青柠檬汁 30 克，姜蓉 30 克，洋葱丝 200 克，香菜 40 克，孜然粉 30 克，青柠檬皮 30 克，红椒粉 40 克，芥末粉 10 克，印度酥油 100 克，香叶 2 片，姜黄粉 30 克，小豆蔻

10 克，肉桂条 1 个，黑胡椒碎 10 克，丁香 2 个，迷迭香 2 支，带骨羊腿 1 个。

学时：1 学时。

工具：切刀、不锈钢盆、小刀、塑料切板、小碗、竹筷、台秤、量杯。

步骤：

（1）将腌肉料拌匀成腌肉酱。

（2）将羊腿修整成型，肉上插小孔，涂抹腌肉酱，用保鲜膜包紧，冷藏腌制 24 小时。

（3）将腌好的羊腿送入 190℃ 烤炉，烤制 1～1.5 小时。

（4）烤好后，即成。

注意事项：关键是羊腿要腌制入味，也可以将羊腿切片腌制后，用炭火烧烤成菜。

菜肴照片见图 4.42（a~c）。

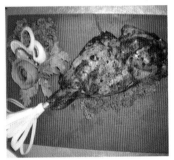  

a b c

图4.42

实训五　风味烤羊夹包

目的：了解印度风味的夹包类型，熟悉夹包的类菜肴的制作方法。

要求：掌握制作方法，学习刀工技巧。

原料：

夹包面团：全麦面粉 150 克，面粉 100 克，热牛奶 100 毫升，印度酥油 60 克，盐 2 克。

肉馅：羊肉碎 250 克，印度酥油 20 克，洋葱碎 200 克，姜蓉 30 克，薄荷叶 20 克，柠檬汁 20 克，马萨拉 20 克，蒜蓉 30 克，青辣椒碎 20 克，香菜 1 束，咖喱粉 20 克，番茄汁 5 克。

学时：1 学时。

工具：切刀、不锈钢盆、小刀、塑料切板、小碗、竹筷、台秤、量杯。

步骤：

（1）锅中加酥油加热融化，放入羊肉碎炒匀，加洋葱碎、姜蓉、蒜蓉炒香，加咖喱粉、盐、柠檬汁炒匀，加马萨拉咖喱香料、辣椒碎、薄荷叶和香菜，调味成馅料。

（2）面粉过筛，加盐、油、水灯，制作成面团，静置30分钟至光滑备用。

（3）将面团切成小球做皮，包入肉馅，做成类似饺子一样的夹包。

（4）将做好的夹包用热油炸透，沥油后装盘，配番茄汁或辣椒汁即成。

注意事项：夹包制作关键类似中餐的饺子，注意包紧不露馅。

菜肴照片见图4.43（a~c）。

a   b   c

图4.43

实训六　印度咖喱肉卷

目的：了解泰式红咖喱的风味，熟悉红咖喱菜肴的制作方法。

要求：掌握制作方法，学习。

原料：羊肉1千克，孜然粉10克，红椒粉20克，柠檬汁20毫升，香菜籽10克，姜蓉30克，蒜蓉30克，马萨拉咖喱香料20克，芥末籽10克，香菜30克，芥末酱20克，芥末油20毫升，青木瓜2个，洋葱2个，青椒2个，红椒2个，黄瓜1个，玻璃生菜1个，番茄2个，橄榄油30毫升，沙拉酱50克，植物油100毫升，盐和胡椒粉适量，印度飞饼皮6张。

学时：1学时。

工具：切刀、不锈钢盆、小刀、塑料切板、先付小碗、竹筷、台秤、量杯。

步骤：

（1）将香菜籽、姜、马萨拉咖喱香料、孜然粉、红椒粉、柠檬汁、芥末籽、香菜、芥末酱、芥末油、盐和胡椒粉等混匀后成为马萨拉酱。

（2）将羊肉切成大块，加马萨拉酱拌匀后，冷藏腌制24小时。

（3）将洋葱、木瓜、青椒、红椒、黄瓜等切丝，加沙拉酱和马萨拉拌匀。

（4）将腌好的羊肉用烤炉烤熟，切成大片，放在飞饼皮上，配上切好的蔬菜丝淋上沙拉酱，卷成肉卷，淋橄榄油上菜即成。

注意事项：羊肉要充分腌制入味，沙拉酱可以用其他的风味酱汁代替。

菜肴照片见图4.44（a~c）。

a　　　　　　　　　b　　　　　　　　　c

图4.44

三、印度香料米饭

香料米饭是种风味独特的什锦米饭，是用香料、大米（通常是 basmati 米）、肉类、海鲜、酸奶酪、鸡蛋或蔬菜等制作而成。香料米饭 Biryani 的名字来源于波斯语（伊朗），是指炒的或烤的菜肴。

香料米饭起源于古波斯时期，后来流传到了南亚，现在深受中东、南亚和西方各国人民的喜爱。目前最常见的 Biryani 做法是用猪肉和鸡肉，当然在印度因为素食的原因吗，也有很多素食版本的做法，通常被称为 Tehri 或蔬菜 Biryani。

实训七　印度香料米饭

目的：了解印度香料的种类和特性，熟悉各种印度香料的使用和制作方法。

要求：掌握制作方法，学习刀工技巧。

原料：印度香米 1 千克，鸡肉 500 克，酸奶酪 300 毫升，蒜蓉 20 克，番茄酱 40 克，姜蓉 20 克，洋葱碎 200 克，番茄碎 100 克，香菜 20 克，柠檬汁 30 毫升，马萨拉 30 克，红椒粉 20 克，姜黄粉 20 克，藏红花 1 克，小豆蔻 2 克，丁香 4 个，肉桂 1 支，黑椒碎 20 克，孜然粉 2 克，鸡汤 2 升，盐适量。

学时：1 学时。

工具：切刀、不锈钢盆、小刀、塑料切板、小碗、竹筷、台秤、量杯。

步骤：

（1）将鸡肉切块，煎上色备用。香米洗净，浸泡 30 分钟，沥水。

（2）锅中加油烧热，放入洋葱碎炒香，加马萨拉咖喱香料、红椒粉、丁香、姜蓉、蒜蓉、姜黄粉、孜然粉、番茄酱、番茄碎炒匀，

（3）放入香米、鸡汤、柠檬汁、酸奶酪、藏红花、肉桂、小豆蔻，焖煮至米饭 8 成熟。

（4）把鸡肉和米饭拌匀，加盖焖煮至米饭全熟，撒上香菜即成。

注意事项：关键是控制米饭的成熟火候，这个方法可以适用于羊肉、海鲜等菜肴。

菜肴照片见图 4.45（a~c）。

a   b   c

图4.45

四、印度马萨拉鸡

印度马萨拉鸡是一种混合式的印度咖喱鸡菜肴，是印度菜咖喱中最经典的一种。masala 是指咖喱香料，所有的咖喱都含有很多种著名的印度香料。这道菜主要是将腌制后的鸡肉煎香，放入口味浓厚的红色或橙色咖喱汁中制作而成。马萨拉咖喱鸡的酱汁酸奶酪味浓，香辣适口，制作中要加入番茄和各种香料，风味浓厚。

马萨拉鸡的变化类型很多，据专家考证最早的马萨拉鸡起源于 50 年前的印度旁遮普，而另外一种观点认为马萨拉鸡最早在 20 世纪 70 年代伦敦苏荷区的第一个印度餐厅。无论如何，今天马萨拉鸡已经成为英国餐馆乃至世界各地餐厅里面最受欢迎的一道菜式，甚至于可以称为是英国的国菜。

实 训 八　马 萨 拉 鸡

目的：了解马萨拉风味香料的特点，熟悉咖喱菜肴的制作方法。

要求：掌握制作方法，学习刀工技巧。

原料：酸奶酪 100 克，香菜叶 50 克，姜蓉 30 克，蒜蓉 40 克，柠檬汁 30 毫升，马萨拉印式咖喱香料 30 克，红椒粉 20 克，黄姜粉 20 克，小茴香粉 10 克，鸡肉 1 千克，洋葱碎 200 克，姜蓉 50 克，蒜蓉 30 克，小豆蔻 2 克，番茄碎 400 克，肉桂 5 克，香叶 2 片，丁香 2 个，红糖 20 克，红椒 2 个，马萨拉 30 克，奶油 50 毫升，杏仁酱 100 克，番茄酱 50 克，青椒 2 个，盐和胡椒粉适量，植物油 80 克，椰奶 100 毫升。

学时：1 学时。

工具：切刀、不锈钢盆、小刀、塑料切板、小碗、竹筷、台秤、量杯。

步骤：

（1）将鸡肉切块，腌肉料放入搅碎机中搅碎成腌肉酱，拌入鸡肉中腌制，冷藏 24

小时备用。

（2）锅中烧油，加入洋葱炒软，放入姜蓉、蒜蓉、小豆蔻和其余的烩汁料炒出味，成浓厚的咖喱酱汁。

（3）将鸡肉取出，煎香后放入咖喱酱汁中，烩入味后，加红椒、青椒拌匀，撒香菜叶即成。

注意事项：关键是腌制鸡肉时间充足，入味才充分。

菜肴照片见图 4.46（a、b）。

a　　　　　　　　　　　　　b

图4.46

五、印度飞饼

印度飞饼是享誉印度的一道名小吃，最早来源于印度首都新德里孟加拉湾大山脉，当地居民常年以筋面、椰浆、黄油、炼乳等制作食物。在制作中，将调和好的面团在空中用旋转、抛摔等类似"飞"的手法做成大而薄的面饼，具有制作巧妙、薄如蝉翼、外酥里嫩、松软可口、色泽金黄、品种繁多的特点，有 10 多个品种，有较强的可食性和观赏性。

实 训 九　印 度 飞 饼

目的：了解印度飞饼的种类和风味，熟悉飞饼的制作方法。

原料：全麦粉 500 克，高筋面粉 150 克，泡打粉少许，盐适量，糖少许，鸡蛋 1 个，黄油 50 克，牛奶 100 毫升，清水 100 毫升，植物油适量。

学时：学时 1 学时。

工具：切刀、不锈钢盆、小刀、塑料切板、小碗、竹筷、台秤、量杯。

步骤：

（1）将全麦粉、高筋粉、泡打粉、糖、盐等放入盆中，加鸡蛋、牛奶、水搅匀成面团。

（2）用搅面机快打面团至有一点起筋，再慢打至柔滑。

（3）用湿布包紧，静止 30 分钟，等面团柔滑光亮。

（4）将面团分成小块，揉匀至光滑，表面涂上黄油，放入烤炉内。

（5）用 220℃炉温烤 5 ～ 6 分钟即成。

注意事项：关键是面团调制、成型的技巧。

菜肴照片见图 4.47（a~c）。

a   b   c

图4.47

第五章 ↘
泰国菜制作

第一节　泰国菜概述

泰国菜泛指泰国民族的饮食文化，是东南亚地区美食中最具代表性的菜系之一，既具有浓厚的南洋香料风味菜式特色，又具有类似中国菜的东亚菜式细腻风格，目前在世界各地盛行闻名，在世界各大主要城市常常会发现泰国菜的身影。

泰国菜的特色在于它广泛的包容性，泰国菜的地域特点很突出，在长期的发展过程中，泰国菜融合了中国菜、马来菜、印度菜、缅甸菜、高棉菜、老挝菜和西餐，如葡萄牙等菜系的烹饪风格，同时也保持着自身独特的风味特色。

因此，泰国菜的发展可以说是长期以来东、西方饮食有机融合的一个缩影，尤其是泰国本土香料和多元饮食文化的和谐交融，体现了合理搭配的原则，无论是口味辛辣的或清淡的菜肴，都能得到大众的喜爱。

一、泰国菜的历史

泰国中部是泰国历史上发展的中心地带，泰国美食的起源和发展，也是围绕着湄南河肥沃的平原展开的。在泰国菜历史的早期，古代素可泰王朝首都的饮食相比之下较为简单，主要以丰收的米食为主，以及新鲜的鱼类、大蒜、盐、黑胡椒及鱼露等。

泰国传统的烹饪方法是蒸、煮、烘焙或烧烤。由于受到中国影响，引入了煎、炒和炸的方法。自17世纪以来，烹饪方法一直受到葡萄牙、荷兰、法国和日本的影响。在17世纪后期，葡萄牙传教士在南美洲习惯了泰国红辣椒的味道，于是在泰国菜中引入了泰国红辣椒。同时因为商贸的往来，如中东、欧洲、中国、印度、日本、波斯及葡萄牙等商人带来了更多的食物和香料，新增了许多外来的原料，如香菜（胡荽）、青柠檬和番茄等，增加了食物烹饪的多样化。

在18世纪的曼谷，中泰融合式的美食非常受欢迎，尤其是各种面食，大部分食物都采用拌炒的方式，水果也开始在食物中大量使用，大量香甜多汁的芒果、榴梿、柚子及其他种类的水果等应用广泛。

泰国北部与老挝及缅甸为邻，长久以来泰北一直是独立的兰那泰王朝，是百万稻田之地，与其他地区完全隔绝，一直到19世纪才受曼谷的统治。在经历曾被缅甸及大城统治过的时代后，泰北发展出的特有文化，不仅在语言及习俗上，也包括了饮食。泰北的居民喜欢各种糯米饭，传统上他们会将糯米饭用手揉成小圆形，再搭配各种酱汁的菜吃；一些缅甸的菜肴也广受欢迎。

泰国东北部是高原地形，延伸到湄公河，与老挝和高棉为邻。泰国东北的人喜欢重口味的食物，许多热爱泰国烹饪的行家将一些经典的伊森菜列入他们喜爱的创意之中，包括青木瓜沙拉、辣猪肉或鸡肉沙拉以及烤鸡。淡水鱼和虾也颇受欢迎，常以药草和香料来调理。和泰北一样，伊森居民也喜欢糯米饭，有时会做成甜口味的糯米饭，是每一道菜的主食。

泰国南部是一个长型半岛地形，往下一直延伸到马来西亚，邻泰国湾和安达曼海。以海滩、度假胜地和知名美食闻名。其中各种海产丰富，包括海洋鱼类、龙虾、螃蟹、乌贼、贝类、蛤蜊及贻贝等。也广泛使用椰子，椰奶来中和辣汤、咖喱、油炸的风味，而果肉则用来当作作料。

二、泰国菜的发展状况

泰国菜是世界上最好的菜系之一，在质量和制作方式上具有很强势的创新风格。现在，泰国菜正在形成一个独特、清新的泰式风格，更加注重时尚、健康的理念，以更加健康的食品取代泰国传统的烹饪方式。今天泰国菜系的大厨们更注重在花园里找到了更多的新鲜蔬菜、水果和香草，并将它们巧妙融合烹调成为美食佳肴。

泰国菜的健康理念，已经不像素食那样利用一些原料烹饪成"鱼"和"肉"类的食物，厨师们在菜肴烹制中，往往更注重蔬菜、蛋白质等的合理搭配和人体的需求。厨师们的创新是将蔬菜、水果和香草烹饪成带有鱼、肉等美味风味的健康食品。烹饪的原则是健康、营养，降低脂肪、降低盐分和降低糖分。选用有机的原材料，例如，用水果和蔬菜做原料烹饪菜肴来取代那些用味精、苏打和色素来改变原料本身的味道和颜色的不健康食品。取而代之的健康、营养用料，例如，纯橄榄油、苹果汁、香草和海盐都可以给菜式提味并还有医药功效。多采用烘烤、煎扒、蒸煮的烹调方式来烹饪食品。

 相关知识

泰国是一个临海的热带国家，绿色蔬菜、海鲜、水果极其丰富。因此泰国菜用料主要以海鲜、水果、蔬菜为主。泰国人的正餐都是以一大碗米饭为主食，佐以一道或两道咖喱料理、一条鱼、一份汤以及一份沙拉（生菜类），用餐顺序没有讲究，随个人喜好。餐后点心通常是时令水果或用面粉、鸡蛋、椰奶、棕榈糖做成的各式甜点。由于深具得天独厚的优点，因此泰国菜色彩鲜艳，红绿相间，眼观极佳，不管是新鲜蔬菜瓜果的艳丽清新，还是乌贼、鱿鱼等众海鲜的肉感，都让人们大饱了眼福。

第二节　泰国菜主要流派及菜肴特点

一、泰国菜主要流派

泰国菜的流派根据其地域分布分为四个流派：南部菜、中部菜、北部菜和东北菜。

1.泰国南部菜

泰国南部是一个长型半岛地形，往下一直延伸到马来西亚，邻泰国湾和安达曼海。以优美的海滩及度假胜地出名，拥有知名的美食，尤其附近海域盛产的新鲜海产扮演主要角色。包括海洋鱼类、龙虾、螃蟹、乌贼、贝类、蛤蜊及贻贝等，也广泛使用椰子，椰奶来中和辣汤、咖喱、油炸的热度，而果肉则用来当作作料。此区特产包括当地种植的腰果，其他水果包括山竹果、小型菠萝以及称为 Sato 的辣豆，尝起来有点苦味。其他特别的南部菜肴如米色拉配南部鱼酱，以及辣汤如黄咖喱和鱼内脏辣咖喱。

2.泰国中部菜

泰国中部，以首都曼谷为中心是泰国传统的心脏地带。围绕着湄南河的肥沃平原，发展出许多知名的泰国佳肴。古代的素可泰王朝首都相较之下比较简单，主要以到处丰收的米食为主，新鲜的鱼类、本土种类的大蒜、盐、黑胡椒及鱼露。在大城王朝时期统治的 4 世纪，又加入了更多复杂的原料。其中最重要的包括当时从南美产的辣椒，其他主要产品包括香菜（胡荽）、莱姆及番茄等。食料比较新鲜，而调料通常较甜。名菜有冬阴功汤、椰奶汤、泰式红咖喱、泰式绿咖喱、罗勒炒鸡等。

3.泰国北部菜

泰北与寮国及缅甸为邻，长久以来泰国北部一直是独立的兰那泰王朝，"百万稻田之地"，山峦层叠的高山地势让这里与其他地区完全隔绝，一直到 19 世纪才受曼谷的统治。在经历曾被缅甸及大城统治过的时代后，泰北发展出的特有文化，与其他地区明显不同，不仅在语言及习俗上，也包括了饮食。不像中部居民喜爱香软米饭，泰北居民喜欢各种糯米饭，传统上他们会将糯米饭用手揉成小圆形，再搭配各种酱汁的菜吃。也可以看到一些受缅甸人影响广受欢迎的几道菜，如一种加有姜和罗望子及姜黄等做成的猪肉咖喱，一道用鸡蛋面及肉，上面加上切碎的青葱和莱姆片做成的咖喱汤。北部的咖喱一般味道比其他地区来的温和，当地还有许多特产如 Sai-Ua，一种辣猪肉香肠及脆猪皮；另外还有许多美味的水果，如许多果园都种植有龙眼及荔枝。泰国北部山区深受缅甸菜和老挝菜的影响，猪肉应用非常广泛，名菜有咖喱汤河等。

4. 泰国东北菜

泰国东北比较穷困，和老挝菜相似，而米饭则爱吃糯米饭。北是属高低起伏的高原地形，一直延伸到湄公河，与寮国和高棉为邻。泰国东北部对一般人而言或许比较陌生，较熟悉的通称为"伊森"，它占了泰国总面积的1/3。此地有许多历史遗迹及独特的文化和饮食。东北人喜欢重口味的食物，许多热爱泰国烹饪的行家将一些经典的伊森菜列入他们喜爱的创意之中，包括青木瓜色拉、辣猪肉或鸡肉色拉以及烤鸡。淡水鱼和虾也颇受欢迎，常以药草和香料来调理。和泰北一样，伊森居民也喜欢糯米饭，有时会做成甜口味的糯米饭，是每一道菜的主食。名菜有青木瓜沙拉、生肉沙拉。泰东北菜也会采用比较怪的食料，如各种昆虫等。

二、泰国菜的特点

泰国菜色彩鲜艳、红绿相间，眼观好，味道酸辣可口。泰国菜以酸、辣、咸、甜、苦等浓厚的复合风味为特点，讲究味感的和谐调配。

（1）选料考究。泰国是一个临海的热带国家，绿色蔬菜、海鲜、水果品种丰富，烹饪的原料以海鲜、水果和蔬菜为主。菜肴色彩鲜艳，美观大方，风味独特。

（2）注重香料的使用，风味浓厚。泰国菜注重调味的应用，常以辣椒、罗勒、蒜头、香菜、姜黄、胡椒、柠檬草、椰子与其他热带香料提味，口味浓厚。最常用的调料有：泰国朝天椒、泰国柠檬、咖喱酱、柠檬叶和香茅等。

（3）烹制技法多样。泰国的饮食深受中国、印度、印尼、马来西亚甚至葡萄牙的影响，技法多样，如炒、烩、拌、炖等。

 相关知识

　　泰国美食国际知名。无论是口味辛辣的还是较为清淡的，和谐是每道菜所遵循的指导原则。泰式烹调实质上是由有几百年历史的东方和西方影响有机的结合在一起，形成了独特的泰国饮食。泰国美食的特点要根据厨师、就餐人、场合和烹饪地点情况而定，以满足所有人的胃口。泰国烹饪最初反映了水上生活方式的特点，水生动物、植物和草药是主要的配料。因为有佛教背景，所以泰国人避免使用大块动物的肉。大块的肉被切碎，再拌上草药和香料。

第三节 泰国菜原料介绍

泰国菜原料主要有以下几种：

（1）泰国红咖喱酱。口味鲜辣，特别适合制作海鲜类菜肴（图5.1）。

（2）泰国青咖喱酱。口味酸辣，特别适合制作禽类菜肴（图5.2）。

（3）泰国黄咖喱酱。口味普通，适合各种原料菜肴的制作（图5.3）。

图5.1　　　　　　　　图5.2　　　　　　　　图5.3

　　（4）冬阴功膏。制作泰国国汤"冬阴功汤"时，它是必备的一种绝佳调料，是酸辣虾汤不可或缺的味道来源。它是一种由几十种食材混合而成调味酱汁，产生了传统泰国菜酸中带辣的美味，让人难以忘怀。这种味道也正是泰国菜的精髓（图5.4）。

　　（5）虾酱（图5.5）。

　　（6）泰国鱼露（图5.6）。

图5.4　　　　　　　　图5.5　　　　　　　　图5.6

　　（7）泰国"是拉差"辣椒酱（图5.7）。

　　（8）泰国酸辣鸡酱（图5.8）。

(9) 椰浆（图 5.9）。

图5.7　　　　　　　　　　　图5.8　　　　　　　　　　　图5.9

(10) 青柠檬（图 5.10）。

(11) 罗勒叶。在泰国也叫九层塔（图 5.11）。

(12) 柠檬叶（图 5.12）。

图5.10　　　　　　　　　　图5.11　　　　　　　　　　图5.12

(13) 泰国手指茄（图 5.13）。

(14) 大虾膏（图 5.14）。

(15) 泰国小鸟椒（图 5.15）。

图5.13　　　　　　　　　　图5.14　　　　　　　　　　图5.15

(16) 泰国圆茄子（图 5.16）。

(17) 泰国人参姜（图 5.17）。

(18) 泰国大西米（图 5.18）。

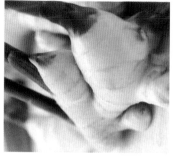

图5.16　　　　　　　　　图5.17　　　　　　　　　图5.18

（19）罗望子。又叫"酸角豆"（图 5.19）。

（20）柠檬香茅（图 5.20）。

（21）薄荷叶（图 5.21）。

图5.19　　　　　　　　　图5.20　　　　　　　　　图5.21

第四节　泰国菜肴制作

一、泰国红咖喱

　　红咖喱酱是泰国菜中风味极佳的调味酱，可以与各类肉类或海鲜菜肴搭配，如鸡肉咖喱和海鲜咖喱、牛肉咖喱、素食咖喱和鱼的咖喱饭等，也可以应用于各种特色的泰国汤菜、面食和蔬菜中，变化多样。红咖喱酱制好后，呈浓稠、黑色的酱状，可以放在冰箱内保存 2 ～ 3 天。使用前取出，重新加热煮沸后即可使用。

　　红咖喱酱制作原料：红葱碎 100 克，紫洋葱碎 50 克，干泰国红辣椒 80 克，大红椒 2 个，青柠檬皮碎 10 克，柠檬叶 4 片，香茅粉 30 克，红椒粉 4 克，泰国辣椒酱 40 克，南姜 30 克，姜片 20 克，大蒜 20 克，番茄沙司 50 克，香菜籽 10 克，姜黄粉 5 克，茴香粉 5 克，香菜 1 束，白胡椒 1 克，鱼露 40 克，虾酱 20 克，肉豆蔻 1 克，糖

20 克，泰国红辣椒粉 30 克，罐装椰奶 100 毫升，柠檬汁 30 克，肉桂 1 克，水 100 毫升，鱼高汤 400 毫升，水淀粉适量。

制作：

（1）把红葱碎、洋葱碎、泰国红辣椒、大红椒、香菜、水等放入食物搅碎机中搅碎成酱料。

（2）锅中加油烧热，放入酱料炒香，加香茅粉、柠檬叶、红椒粉，和鱼露炒匀，加鱼汤煮沸，煮出味后，加椰奶，糖等调味，用水淀粉煮稠即成。

红咖喱烩海鲜的制作具体见实训一。

实训一　红咖喱烩海鲜

目的：了解泰式红咖喱菜肴的风味，熟悉红咖喱菜肴的制作方法。

要求：掌握红咖喱酱的制作方法，学习海鲜类原料的初加工方法。

原料：海鲜 500 克（大虾、银鳕鱼、青口、蟹肉、文蛤、扇贝、鱿鱼等），低筋面粉 150 克，鲜鸡汤 800 克，红咖喱酱 50 克，椰糖 20 克，鱼露 30 克，浓椰浆 500 毫升，柠檬叶 4 片，竹笋条 100 克，豇豆 100 克，蒜蓉 30 克，泰国红辣椒碎 4 个，红葱碎 30 克，洋葱碎 40 克，罗勒 2 片，植物油 80 毫升。

学时：1 学时。

工具：切刀、不锈钢盆、小刀、塑料切板、小碗、竹筷、台秤、量杯。

步骤：

（1）将豇豆、竹笋用沸盐水煮熟，海鲜加工、切块，粘面粉，煎定型备用。

（2）锅中加油烧热，放入洋葱碎、红葱碎、蒜蓉、泰国红辣椒碎炒香，加入红咖喱酱炒匀，倒入椰浆煮沸，加椰糖、鱼露和鸡汤煮稠。

（3）放入海鲜、柠檬叶煮熟，加竹笋、豇豆搅匀。

（4）离火加入泰国罗勒，调味后即可。

注意事项：用鱼露调节咸味，不加或少加盐。

菜肴照片见图 5.22（a～c）。

125

a　　　　　　　　　　b　　　　　　　　　　c

图5.22

二、泰国青咖喱

青咖喱是泰国众多咖喱类菜肴中独特的风味类型。"青"是指菜肴的颜色是绿色的。其他的泰国咖喱类菜肴也根据颜色将所用的咖喱称为黄咖喱、红咖喱等。尽管青咖喱也像红咖喱一样，香辣味浓厚，但是人们总是习惯性地认为青咖喱比红咖喱要香甜、柔和一些，适合更清鲜的菜式。

青咖喱的主要原料是椰浆、青咖喱酱、茄子、糖、鱼露、柠檬叶和泰国罗勒叶等。青咖喱酱汁的浓稠度主要由椰浆来调节，而其中青咖喱酱是由磨细的绿辣椒粉、红葱、大蒜、南姜、青柠檬皮、烤香的香菜籽和茴香籽、白胡椒、虾酱和盐等制作而成的。青咖喱酱通常先用椰油炒香，加入椰浆、肉类或者鱼类、蔬菜等，加少许椰糖调味，最后，加入柠檬叶、大的野山椒和泰国罗勒增香。这种咖喱风味尤其适合与海鲜类菜肴搭配，加上少许中国的生姜风味更佳。

泰国的青咖喱能与各种肉类菜肴配搭使用，其中最常用的是蔬菜、牛肉、猪肉、鸡肉和鱼丸等菜式。另外，青咖喱和米饭和面食类也是绝佳的组合。

实训二　泰国青咖喱鸡

目的：了解泰式青咖喱的风味，熟悉青咖喱菜肴的制作方法。

要求：掌握青咖喱酱制作方法，学习鸡肉的初加工方法。

原料：浓椰浆 250 毫升，青咖喱酱 60 克，鸡肉 500g，低筋面粉 30 克，淡椰浆 750 毫升，柠檬叶 8 片，茄子 1 个，泰国红辣椒 4 个，鱼露 30 克，椰糖 20 克，泰国罗勒 2 片，植物油 80 毫升。

学时：1 学时。

工具：切刀、不锈钢盆、小刀、塑料切板、小碗、竹筷、台秤、量杯。

步骤：

（1）鸡肉切块，撒盐和胡椒粉，沾匀面粉，煎香上色备用。茄子切块。

（2）将青咖喱酱用油炒香，加入椰浆煮稠，放入鸡肉块和淡椰浆。

（3）煮沸后加入柠檬叶、茄子和泰国红辣椒，小火煮至酱汁再次浓稠。

（4）待鸡肉成熟时，加入鱼露和椰糖调味。

（5）上菜时点缀罗勒叶，配米饭、辣椒即成。

注意事项：低油温炒青咖喱酱，避免炒焦；鱼露调节咸味，少用盐。

菜肴照片见图 5.23（a~c）。

　　　　　a　　　　　　　　　　　b　　　　　　　　　　　c

图5.23

三、泰国冬阴功汤

　　冬阴功汤是泰国家喻户晓的一款汤菜，被喻为泰国的国菜，更被誉为泰国的"国汤"，也是世界十大名汤之一。其中，"冬阴"是指酸辣，而"功"是指虾，直译就是酸辣虾汤。因为冬阴功汤风味浓厚，鲜烫、酸辣、香甜，五味俱全，深受人们的喜爱，在马来西亚、新加坡和印度尼西亚等东南亚国家也广泛流行，并在世界各地普及。

　　冬阴功汤的主要原料有高汤、香茅、柠檬叶、南姜、青柠汁、鱼露和泰国辣椒酱等。在泰国，冬阴的"酸辣"风味通常与虾、鸡、鱼或海鲜和蘑菇（通常草菇或平菇）等搭配。上菜时，汤面上往往撒上大量的香菜，风味独特。

实训三　泰国冬阴功汤

　　目的：了解泰式冬阴功汤的风味，熟悉大虾的加工制作方法。

　　要求：掌握制作方法，学习刀工技巧。

　　原料：鲜大虾500克，鲜草菇250克，洋葱50克，红葱40克，香茅片3根，南姜蓉50克，蒜蓉20克，泰国红辣椒6个，鱼高汤1.5升，青柠檬皮碎2克，虾酱30克，柠檬叶1片，香叶1片，樱桃番茄50克，冬阴功辣椒酱30克，鱼露20克，椰糖20克，椰浆50毫升，青柠汁30克，香菜50克，植物油80克。

　　学时：1学时。

　　工具：切刀、不锈钢盆、小刀、塑料切板、小碗、竹筷、台秤、量杯。

　　步骤：

　　（1）大虾、草菇洗净，洋葱和红葱切片。

　　（2）将洋葱、红葱、香茅、南姜、大蒜、泰国红辣椒用油炒香。

　　（3）倒入鱼高汤煮沸，放入草菇、青柠檬皮、虾酱、柠檬叶、香叶、樱桃番茄煮出味。

　　（4）加入冬阴功辣椒酱、鱼露、糖搅匀，放入大虾煮熟。

　　（5）离火加椰浆、青柠汁调味。

　　（6）装盘后汤面撒上香菜即可。

注意事项：大虾可以去壳，用青柠汁调节酸味，鱼露调节咸味，少用盐。南姜如买不到可用普通鲜姜代替。

菜肴照片见图 5.24（a~c）。

a   b   c

图5.24

四、泰国西柚沙拉

泰国是一个临海的热带国家，绿色蔬菜、海鲜和水果的品种相当丰富，因此泰国菜的用料主要以海鲜、水果、蔬菜为主，注重绿色天然、健康和营养的搭配，风味或酸香辛辣、或温和酸甜，开胃解腻。尤其是泰国的凉拌沙拉类菜肴，制作中大多用鱼露、柠檬汁、糖等调料，不同于西餐中常见的浓厚沙拉酱料，清爽不腻。这道家喻户晓的泰国西柚沙拉，以泰国西柚为主料，配以椰丝、椰糖、花生、柠檬叶、香菜、鱼露和罗望子汁，加泰国柠檬汁调拌而成，清甜爽口，风味独特。

实训四　西柚沙拉

目的：了解泰式沙拉类菜肴的风味，熟悉泰式水果沙拉的制作方法。

要求：掌握制作方法，学习刀工技巧。

原料：泰国西柚 1 个，泰国甜虾 100 克，红葱碎 50 克，大蒜蓉 20 克，香茅 1 根，泰国红辣椒 2 个，鱼露 30 克，青柠檬汁 2 个，椰糖 20 克，香菜 20 克，新鲜薄荷叶 2 片，椰丝 50 克，香酥花生碎 50 克。

学时：1 学时。

工具：切刀、不锈钢盆、小刀、塑料切板、小碗、竹筷、台秤、量杯。

步骤：

（1）取柚子肉，去除白膜，撕成小块，薄荷叶洗净，香茅、辣椒切片。

（2）虾去头去壳去肠，开背去虾线，用水焯熟，浸入冰水，沥干备用。

（3）将蒜蓉、红葱碎、香茅、辣椒、鱼露、柠檬汁、椰糖混合成沙拉汁。

（4）把沙拉汁和柚子肉、虾肉、椰丝、花生碎、薄荷叶、香菜一起轻拌匀，最后撒上花生碎即可。

　　注意事项：柚子的白膜要去干净，否则会有苦味。

　　菜肴照片见图 5.25（a~c）。

| a | b | c |

图5.25

五、泰国咖喱螃蟹

　　泰国咖喱螃蟹是泰国菜中独特的咖喱美食。在泰国菜的结构中，水产品、蔬菜和香料占据不可或缺的重要地位，这道菜肴中的黄色咖喱、香甜的螃蟹和新鲜的蔬菜就是泰国菜水产品、蔬菜和香料巧妙搭配的综合表现，深受大众的喜爱。泰国咖喱分青咖喱、黄咖喱、红咖喱等多个种类，其中红咖喱最辣，而黄咖喱的菜肴多加入了椰浆中和辣味、增强香味，因此这道咖喱螃蟹不仅蟹肉鲜香，黄黄的咖喱汁配醇浓的泰国香米饭，也是绝佳搭配，风味独特。

实训五　泰国咖喱螃蟹

　　目的：了解泰式黄咖喱的风味，熟悉螃蟹的制作方法。

　　要求：掌握制作方法，学习刀工技巧。

　　原料：新鲜海蟹 3 只，红葱碎 50 克，南姜或生姜蓉 20 克，蒜蓉 20 克，泰国红辣椒碎 20 克，青柠檬皮碎 1 克，香茅片 20 克，蚝油 30 克，泰国黄咖喱粉 30 克，植物油 80 克，椰浆 50 克，鸡高汤 100 毫升，烤过的辣椒酱 10 克，虾酱 10 克，鱼露 30 克，柠檬叶 2 片，芹菜 1 根，鸡蛋 1 个，香菜 1 束，胡椒粉适量，糖 20 克。

　　学时：1 学时。

　　工具：切刀、不锈钢盆、小刀、塑料切板、小碗、竹筷、台秤、量杯。

　　步骤：

　　（1）将螃蟹宰洗干净，除去外壳，切成块。

　　（2）锅中放入红葱、大蒜、南姜、泰国红辣椒、柠檬皮和香茅片炒香，加入咖喱粉和蟹块炒匀。

129

（3）倒入椰浆和高汤煮沸，加蚝油、糖、辣椒酱、虾酱、鱼露、柠檬叶煮出味，加入芹菜、鸡蛋收汁后搅匀。

（4）装盘配白米饭，撒香菜即成。

注意事项：注意蟹肉不要炒制过老，保持口感鲜美。

菜肴照片见图5.26（a、b）。

a   b

图5.26

六、泰国菠萝饭

泰国菜的口味浓厚，味感丰富，以甜、酸、辣、鲜、香闻名，品味泰国菜，能使人从口到胃都体验到美味的刺激。这道风味独特的泰式菠萝饭融合了浓郁的菠萝香味，混合着咖喱的味道，配上充分吸收了菠萝香甜的白米饭，色香味形俱佳，让它们变得与众不同，吃起来一定会让你赞不绝口。

实训六　菠　萝　饭

目的：了解泰式水果饭的风味，熟悉菠萝类菜肴的制作方法。

要求：掌握制作方法，学习刀工技巧。

原料：菠萝1个，白米饭1碗，泰国虾4只，鸡蛋1个，洋葱丁30克，红葱丁30克，蒜蓉20克，火腿丁30克，大葱丁30克，蚝油10克，青豆30克，胡萝卜丁30克，青菜椒丁30克，泰国红椒丁30克，红（青）咖喱20克，葡萄干20克，腰果30克，香菜1束，鱼露30克，酱油10克，咖喱粉10克，植物油80克。

学时：1学时。

工具：切刀、不锈钢盆、小刀、塑料切板、小碗、竹筷、台秤、量杯。

步骤：

（1）将菠萝切开，取菠萝肉，用淡盐水浸泡后切丁。

（2）鸡蛋加蚝油调散，泰虾去壳取虾仁，加红咖喱腌味。

（3）锅内倒入鸡蛋炒散，放入青豆、泰国红辣椒、红葱、大蒜、火腿、胡萝卜、泰虾虾仁等什锦蔬菜炒匀。

(4) 放入白米饭、菠萝丁和葡萄干，加酱油、鱼露、咖喱粉炒香。

(5) 盛入菠萝盅里，撒上洋葱、香菜和腰果碎，即成。

注意事项：菠萝食用前要用盐水浸泡，可抑制菠萝中蛋白酶的活性，防止食后产生过敏反应。

菜肴照片见图5.27（a~c）。

a　　　　　　　　　　b　　　　　　　　　　c

图5.27

七、泰国芒果沙拉

泰国水果品种丰富，有"水果王国"的美称，其中芒果是最受欢迎的水果之一。芒果的果肉细腻，气味甜香，富含维生素、蛋白质、胡萝卜素和矿物质，营养丰富，用芒果做成的沙拉是泰国菜肴中必不可少的开胃佳肴。

青芒果外皮青绿色，内部果肉呈金黄色，去皮切丝后，用柠檬汁、椰糖、鱼露等调拌后，酸酸甜甜，开胃解腻，不失为居家常用的美食佳品，也可以将芒果沙拉配各种肉类原料，如大虾、鸡肉、海鲜等，风味更佳。

实训七　芒果沙拉

目的：了解泰式红咖喱的风味，熟悉红咖喱菜肴的制作方法。

要求：掌握制作方法，学习刀工技巧。

原料：芒果2个（切丝），洋葱1个，糖浆30克，青柠檬汁10克，泰国红辣椒碎30克，青葱2个，蒜蓉20克，鱼露30克，虾酱20克，酱油10克，香酥花生米50克，香菜叶15克。

学时：1学时。

工具：切刀、不锈钢盆、小刀、塑料切板、小碗、竹筷、台秤、量杯。

步骤：

(1) 芒果去皮、去核，切丝，洋葱、泰国红辣椒切丝，大蒜切碎。

（2）芒果丝加盐腌渍，放入洋葱丝拌匀。

（3）将糖浆、青柠檬汁、辣椒丝、葱丝、蒜碎、鱼露、虾酱和酱油调成酱汁。

（4）将芒果丝和酱汁拌匀后，装入盘中，撒入花生碎即成。

注意事项：选用青芒果，口感酸甜。鱼露很咸，少加盐。

菜肴照片见图5.28（a～c）。

| a | b | c |

图5.28

八、泰式辣酱拌青瓜

泰式辣酱是泰国菜肴中应用很广泛的一种调味辣椒酱，用辣椒、大蒜及其他配料精制而成，既可以在超市买到，也可以根据口味和喜好自己制作，特点是酸甜微辣，开胃解腻，适宜各类开胃小吃，或用做凉拌菜肴的酱汁，适应面广。

实训八　辣酱拌青瓜

目的：了解泰式红咖喱的风味，熟悉红咖喱菜肴的制作方法。

要求：掌握制作方法，学习刀工技巧。

原料：泰国红辣椒100克，大蒜30克，红葱30克，青柠檬汁10克，鱼露30克，虾酱30克，白糖20克，水适量，青瓜2根。

学时：1学时。

工具：切刀、不锈钢盆、小刀、塑料切板、小碗、竹筷、台秤、量杯。

步骤：

（1）将泰国红辣椒、大蒜、红葱放入搅碎机中，加入虾酱、鱼露、糖、青柠檬汁和水，搅碎成浓稠适度的辣椒酱，用油炒香，调味后泰式辣椒酱（图5.29a）。

（2）将青瓜切块，与泰式辣椒酱拌匀即成（图5.29b）。

注意事项：泰式辣椒酱制好后，可以冷藏发酵2周后使用，效果更佳。

a   b

图5.29

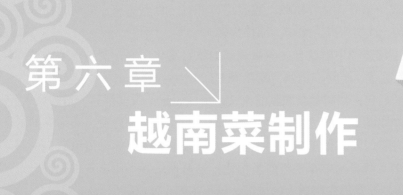

第六章

越南菜制作

第一节　越南菜概述

越南菜是中南半岛国家中最具特色与美味的菜肴之一，它比其他菜系的菜肴相比更多了一份清爽与精致。越南菜菜肴精致，酸甜可口外有一点点的辣，烹调时注重清爽原味、讲究阴阳调和，以蒸、煮、烧烤、凉拌为多。

由于越南人习惯上承袭了中国饮食之阴阳调和的饮食文化内涵，使越南菜的烹调上最重清爽、原味，以蒸煮、烧烤、焗焖、凉拌为主。

越南人是古越人的后代，期间复杂细腻的人文，形成了越南饭食别具一格的风景。越南气候较热，所以越南菜以清淡为主，融合了中国、泰国、马来西亚、法国等国的饮食文化，口味相当独特。与其他东南亚料理相比，越南菜口味更显得清爽顺口；与中餐相比，越南菜又多了些异国口味；与西餐相比，越南菜更善于使用各种香料……正是由于这一切，使得越南菜散发出诱人的风情，虽不浓郁，却悠远深长。

越南菜中有"四大金刚"之说，其实就是鱼露、柠檬、花生仁碎和炸干葱。这四种调味品几乎就是越南菜肴的灵魂。特别是鱼露，越南人把鱼露也叫鱼酱油，是越南人最喜欢的佐餐调料。几乎家家户户都有鱼露，每顿饭必不可少。刚到越南时，许多人对这种闻起来有点腥、甚至有点臭的琥珀色液体并不喜欢，但是只要你能大胆地试一下，你会发现所有的菜肴都可以蘸上鱼露吃，而且菜肴会变成一种说不出的鲜美。

一、越南菜的历史

越南这个神秘的国度在中国人的意识里是不陌生的。无论是连续不断的雨丝，还是阳光绚烂的炎热、蜿蜒的湄公河、茂密的热带丛林、绵延的海岸线、法国殖民地文化的渗透、多元地方风俗的融合，背负苦难仍达观前进的步履……一切都让人沉迷。就算是没有到越南旅游，没看过相关的电影，在意识之外，也总被其独特的情愫吸引着。

越南位于东南亚地区印度支那半岛东部，地处热带地区。东面及东南部濒临东海和太平洋，北面与中国接壤，西面和西南面与老挝、柬埔寨相邻。越南陆地狭长，弯曲纵长，形似拉长的 S 形，中间窄、两头宽。

越南人起源于中国的古越人，其生活习性、烹调工艺、烹调原料都和中国人的饮食文化非常相似。近代受法国殖民统治的影响，其饮食文化大有法式菜肴的风格。虽然越南菜受到中国、法国以及南洋其他国家的影响，但是勤劳的越南人民还是能够完美地融合了这些国家的饮食文化，并且又能够让自己的特色自成一格，实在难能可贵。

越南因长期受中国饮食文化的熏陶，烹饪方法以煎、烤、焖、蒸、炸、炒、凉拌为主。越南曾被法国统治，处处留下法国文化的痕迹，越南菜的口味也因此受到影响，例如，做配菜的法国长面包已成为今天越南南方人日常生活的一部分了，因而有法式越南菜的说法。

现在的越南菜直接感觉就是清爽不油腻，不但色香味兼备，而且手艺更是细致精巧，颇具文化色彩。与牛、羊、猪相比，鱼类、虾类是他们的主食，青菜水果种类繁多，菜肴特色上同时也运用南洋地区特有的香料，如柠檬草、罗勒、薄荷、芹菜及新鲜的莱姆果等，另外还有著名的沾酱鱼露。

相关知识

比起正餐来，越南小吃的名气要大得多。最有名的当数"越南小卷粉"。在昆明，越南小卷粉一直有很高的人气，已经深入到人们的生活中，成为与米线、米粉、面条等相提并论的小吃之一。除此之外，越南比较有名的小吃还包括鸡粉、螺蛳粉、河粉、春卷等。我们在越南时，几乎每见到一种小吃都要品尝一番。最后得出的结论是，最好吃的还是最有名的。

越南人忌讳"三"字，例如，不能三个人照相，一根火柴不能为三个人点烟；请客吃饭要注意避开农历初一和十五；越南人祭祀祖先时，不能用鳝鱼、乌龟、狗肉及鲢鱼以及带浓重味道的葱蒜等。

二、越南菜的发展状况

越南人承自中国饮食阴阳调和的饮食文化，烹调注重清爽原味以蒸、煮、烧烤、凉拌为多。热油锅炒者较少，通常被认为是较"上火"的油炸或烧烤菜肴，多会附配上新鲜生菜、薄荷菜、九层塔、小黄瓜等。可生吃的叶菜一同食用，以达到去油"下火"的功效。越南料理中，最令人吮指回味，啧啧称道的，莫过于街头巷尾的一摊一摊当地小吃，如越南春卷、蔗虾、越南烤肉、猪肠粉卷、牛肉河粉等，都会令人回味无穷，脍炙人口。

越南菜肴善于使用香料。而香料的使用更是越南菜的重中之重，但是与印度香料最大的区别在于，越南的香料都是用新鲜的植物来做的。香茅是越南菜里最常用到的一种调味的作料，会闻到一股浓郁的花香；柠檬草、罗勒、薄荷、芹菜给越南菜增色不少；洋葱、青葱、欧芹又为越南菜带来异国情调。在做法上通常把肉类用香料腌制后再烹调，这样可以把香料的香味"逼"入肉质里，咀嚼之间口舌生香。

第二节　越南菜主要流派及菜肴特点

一、越南菜主要流派

越南料理通常可以分为三个菜系。越南北部是越南文化的主要发源地，很多著名的菜肴（如越式河粉和越南粉卷）都源自北部地区。越南北部的菜肴更传统，并在对调料和原料的选择上更严格。

越南南部菜肴在历史上收到中国南方移民和法国殖民者的影响。越南南方人喜欢带甜味的菜肴，作为一个更具多样性的地区，越南南方菜使用更多种类的香草。

越南中部的饮食与南部和北部的相比差异明显，越南中部料理使用更多的小配菜，也更具辣味。

在法国人的影响下，越南人养成了喝咖啡的习惯。越南的咖啡就像中国的茶一样，是一种大众化的全民饮品。咖啡馆遍布城乡，就如同古代中国的茶馆一样普遍。即便在偏僻落后的小城镇，也可以轻易找到咖啡馆的身影。咖啡馆是越南人重要的社交场所，其中大部分装修简陋，布局简单，看起来和小吃店没有什么区别。与此相应，越南的咖啡价格极其低廉，简直便宜到中国人难以想象的程度。

二、越南菜的特点

越南菜色泽明快，海鲜味为主味，酸辣微甜。

东南亚国家的美食，总是给人以酸酸甜甜中带一点辣辣的印象，其实它们是同中有异。越南菜比起泰国和马来西亚等地的料理，口味就显得清爽顺口多了。一般人对越南菜的直接感觉是清爽不油腻，不但色香味兼备，手艺更是细致精巧，颇具文化色彩。

越南菜偏酸辣，吃起来特别令人开胃。越南特色檬、蔗虾、越南春卷是特色菜，越南檬配上薄荷叶和酸辣酱别有一番风味。蔗虾就是用果蔗把虾肉串起来烤，上碟后连同配菜用烘干的米汤皮蘸水包起，再包上生菜蘸着酸辣酱吃，既香口又不腻，再加上自己动手包，别有一番风味。春卷外脆内香，包上生菜更觉得清香可口。饭后不妨试试越南咖啡，等待着它慢慢地滴入杯中，再配上炼乳，细细品尝它的香滑。

越南菜比不上湘菜辣得那么狠，似乎是刚刚才品出点辣意来，那感觉又匆匆过去了，如若有若无的微风似的。酸辣汤是其中的代表之作，并不是用酸醋做的，而是用一种当地出产的酸子，酸子是一种当地处长的形如刀豆的豆科植物的核，带有酸味。酸汤中除酸子外，还放入斑鱼、豆芽、番茄和香菜等，煮出来的汤味道辣中有酸，酸中有鲜。

越南菜非常注重色、香、味，鱼露、葱油、炸干葱和花生碎粒是烹调时用于调香的四大金刚。鱼露的鲜香、葱油的浓香、炸干葱的焦香和花生碎粒的清香着实为越南菜增色不少。

越南咖喱粉口味比较适中，不会有特别刺激的感觉，和越南椰奶、青柠檬、椰丝一起调成咖喱汁，口感清淡，椰香味浓；印度咖喱所用咖喱粉有很重的香料味，而泰国的咖喱膏口感辣味很重。

第三节　越南菜原料介绍

越南菜原料主要有如下几种：

（1）鱼露。又称虾油，鱼酱油。用小鱼虾为原料，经腌渍、发酵、熬炼后得到的一种味道极为鲜美的汁液，色泽呈琥珀色，味道带有咸味和鲜味（图6.1）。

（2）越南春卷皮（图6.2）。

（3）金不换。西餐叫罗勒，也有的叫九层塔（图6.3）。

图6.1　　　　　　　　　图6.2　　　　　　　　　图6.3

（4）河粉（图6.4）。

（5）炸干葱（图6.5）。

（6）花生仁（图6.6）。

（7）青柠檬（图6.7）。

图6.4

图6.5

图6.6

图6.7

（8）河粉辣酱（图6.8）。

（9）越南米醋（图6.9）。

（10）越南蒜蓉辣椒酱（图6.10）。

图6.8

图6.9

图6.10

第四节　越南菜肴制作

一、越南春卷

越南的春卷皮用糯米制成，薄如蝉翼，洁白透明。将春卷皮裹上豆芽、粉丝、虾仁、葱段等做成馅，放入油锅中炸至酥黄，吃时用生菜裹上春卷，蘸上鱼露，酥脆不腻，十分可口。

越南春卷是越南民间小食。吃的时候要把春卷放在生菜叶里，再放上一两片薄荷叶，卷起来之后蘸上柠檬鱼露调料吃。上菜时，都是三件一套：一小碟、一小盘、一小篮。

碟里是蘸料柠檬汁和鱼露，夹杂着切成细如发丝般的红、白萝卜丝。

小盘中装的是金黄酥脆的春卷，皮是很薄的越南米纸，馅是用粉丝、木耳和鸡肉等做成的；另外还有一种是香芋丝和麻虾做成的。

小篮子里装的是生菜叶和薄荷叶。

春卷有很多种，有荤也有素，但大多都是用豆芽菜、韭菜、酱豆腐等作馅，用薄薄的面皮包好，放进油锅炸熟。吃起来香酥可口。

实训一　越南春卷

目的：熟悉越南春卷的制作方法。

要求：掌握制作方法，卷制手法技巧。

原料：春卷米纸 12 张，猪肉碎 50 克，香菇 20 克，生虾肉 20 克，粉丝 20 克，木耳 20 克，胡萝卜丝 15 克，盐胡椒各 0.5 克，麻油 5 克，生油 500 克，鱼露 10 克，生菜 40 克。

学时：1 学时。

工具：湿布、盘子、塑料切板、汤匙、厨刀、盘、电子秤。

步骤：

（1）猪肉切细丝用盐，胡椒调味。木耳浸泡后切细丝。蘑菇切丝。粉丝浸水 20 分钟后剪成 4 厘米长，虾仁切碎。

（2）锅内放油炒香猪肉丝，加木耳、胡萝卜、蘑菇、虾肉，调味取出后加粉丝拌匀，待冷却。

（3）操作台上放湿布，春卷皮浸热开水后铺在湿布上，在米纸 3 厘米的地方放入 1 汤匙馅料，两边对折，然后向内卷成宽约 3 厘米、长约 7 厘米的卷，用鸡蛋液和少许面粉封边。

（4）入热油锅炸至金黄浮面成熟，即可。

（5）春卷放在生菜叶上，加 1 片薄荷叶，将菜叶卷起来，蘸鱼露食用。

注意事项：关键是卷制的技巧，大小均匀一至，包裹要紧。

菜肴照片见图 6.11（a~d）。

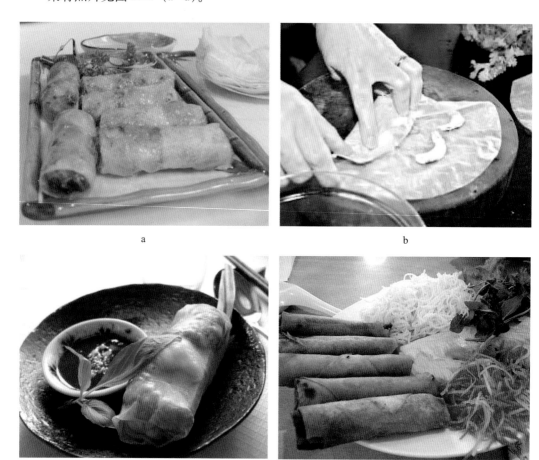

a

b

c

d

图6.11

二、越南烤鸡

越南街头目前非常流行的一种烧烤方法。用炭火烤制小春鸡，口味香酥脆嫩。其制作简单，使用一个小三轮车放上能旋转的烧烤炉就可沿街叫卖。越南烤鸡炉也叫摇滚烤鸡炉、全自动烤鸡炉，是最新开发出的一款旋转烤鸡炉，使用三轮车链条式自动转动非常方便。

实训二　越南烤鸡

目的：了解简单的越南快餐车的经验方式、方法。

要求：掌握腌制鸡肉的技术和旋转烹调方法的技术。

原料：小春鸡 6 只，越南烧烤酱 800 克，南乳 250 克，姜茸 100 克，蒜茸 150 克，红粉 100 克，鱼露 50 克，美唧鲜酱油 100 克，西芹 500 克，小米辣 100 克，罗勒 5 克，香茅 5 克，青柠檬 5 个。

学时：1 学时。

工具：切刀、不锈钢盆、小刀、塑料切板、旋转烧烤炉、台秤、量杯。

步骤：

（1）先把小春鸡对开成两半，抹上各种调味料碎腌制 1 小时。

（2）炭火烧制好，把鸡串在钢钎上烤熟即可。

注意事项：炭火烤制食物的火候很难掌握，注意不要将鸡肉烤干。

越南快餐车和菜肴照片见图 6.12（a~c）。

| a | b | c |

图6.12

三、越南甘蔗虾

越南甘蔗虾是典型的越南菜，是把去了壳的鲜虾肉，剁碎，打成虾胶后，裹在甘蔗枝上置于锅里油炸而成。外皮金黄酥脆，而虾肉由于吸收了甘蔗的清甜，既香又鲜、嫩、甜。吃的时候，要蘸着一碟越南辣椒浆。越南菜非常讲究阴阳调和，如是油炸之物，必然配上酱料或者清凉菜蔬中和，起到败火和平衡味觉之效果。越南辣椒浆酸中带甜，甜中有辣，和外酥里嫩的虾肉配起来，非常香口，是一种无比美妙的综合味觉享受。吃这道甘蔗虾的最大秘诀就在于最后甘蔗汁的那点清甜。

实训三　越南甘蔗虾

目的：熟悉越南甘蔗虾的制作方法。

要求：掌握制作方法，裹虾炸虾的手法。

原料：基围虾 400 克，糖 2 克，黑胡椒碎 2 克，鱼露 3 克，鸡蛋 1 个，蒜泥 2 瓣，分葱碎 4 克，猪肥膘肉 5 克，甘蔗条 300 克，淀粉 5 克，盐 2 克，胡椒粉 2 克，油

500 克。

学时：1 学时。

工具：塑料切板、汤匙、厨刀、盘、电子秤、炸炉。

步骤：

（1）虾去壳搅成虾泥，加入盐，猪肥膘泥，鸡蛋，分葱碎，胡椒粉，蒜泥搅拌均匀，放置备用。

（2）手上蘸少许油把虾泥裹在蔗条上。虾泥在两手间反复摔打，直到表面光滑，用手将虾泥裹上甘蔗段，每段头尾要留下 2 厘米，像个梨，依序做好备用（图 6.13a）。冷藏定型。

（3）入热油中炸至金黄到成熟，装盘。

注意事项：关键是虾泥的稠度，太稀不晚成型，大小均匀一至，包裹要紧，油温不易太高。可用"过三关"的手法做此菜肴。

菜肴照片见图 6.13b 和图 6.13c。

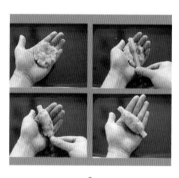
a

b

c

图6.13

四、越南大虾沙拉

鲜虾、鱿鱼口味鲜美，由于是用热水焯过的，自然是柔嫩又不失韧性，配上新鲜的蔬菜及越南调料，每一次的咀嚼都让味蕾爆炸在美味当中，还可提供充足的蛋白质、维生素和矿物质。

实训四　越南大虾沙拉

目的：熟悉水产品类菜式的制作。

要求：掌握制作方法和调味方法。

原料：鲜虾 40 克，鲜鱿鱼 40 克，九层塔 10 克，木瓜 40 克，莴苣 30 克，芒果 20 克，青柠檬 1 个取汁，鱼露 5 克，红辣椒碎 4 克，分葱碎 4 克，盐 2 克，胡椒 1 克。

学时：1 学时。

工具：炸炉、锅、漏网、盘子、厨刀等。

步骤：

（1）海鲜氽入整理备用。

（2）将其他原料拌匀即可。

（3）装盘。

注意事项：海鲜要选用新鲜的原料，上菜前拌制。

菜肴照片见图 6.14（a~c）。

a   b   c

图6.14

五、越南炸软壳蟹

　　蟹是甲壳类动物，天生的披盔带甲，螃蟹的硬壳就像是一件护体的铠甲，螃蟹的身体躲在铠甲里不断长大。当里面的身体长得铠甲都容纳不下了，那就是到螃蟹换新衣服的时候了。螃蟹的一生中要蜕很多次壳，也就是说，所有的螃蟹都会在某个时候成为软壳蟹，而真正能形成商业规模又美味好吃的软壳蟹唯有"蓝蟹"一种。蓝蟹由于公蟹的蓝色大钳子而得名，但母蟹的大钳子尖上却有很鲜艳的橘红色。因此区别蓝蟹的公母不必费事去查看其腹部是尖脐圆脐，一看大钳子的颜色就知道了。蓝蟹的个头不大，拿尺子横着测量，成蟹连曲折着的足部也算上才约 8 英寸宽。蓝蟹从幼蟹长大到成年需 12 ～ 18 个月，即使是蓝蟹，蜕壳后其大小适合吃的时候也只有少数几次。每年的 5 月是蓝蟹蜕壳的季节，捕捞软壳蟹得准确掌握时机，一定要在蓝蟹将要蜕壳之前捕捞出海，因为蓝蟹蜕壳后只有短短的 2 小时是软壳的，若让它们仍留在海水中，24 小时就又变成硬硬的铠甲了，当然如要变回正常时的硬度，也需两天左右。在美国，只有四个州出产软壳蓝蟹：马里兰、北卡罗来纳、南卡罗来纳和路易斯安那。因此软壳蟹不容易吃到，且价格也比硬壳蟹贵得多。近年来，软壳蟹作为一道特色风味菜，越来越闻名，每逢季节时，有许多人专程从外地赶到出产地来尝鲜。

实训五 炸软壳蟹

目的：熟悉并制作软壳蟹及菜肴变化。

要求：掌握制作方法，调味方法。

原料：软壳蟹 2 只，红辣椒 2 个，蒜 1 瓣，面粉 2 汤匙，盐 2 克，黑胡椒碎 1 克，油 600 克。

学时：1 学时。

工具：炸炉、台秤、漏网、盘子等。

步骤：

（1）软壳蟹用盐黑椒码味备用。

（2）炸炉加热 180 度油度炸软壳蟹，炸至金黄色备用。

（3）用锅炸香蒜蓉，辣椒，黑椒碎再下炸过的软壳蟹略炒调味。

（4）装盘。

注意事项：注意油温太高易炸干。

原料及菜肴照片见图 6.15（a~c）。

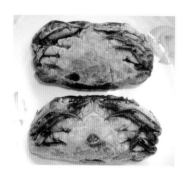

a　　　　　　　　　　b　　　　　　　　　　c

图6.15

六、越南河粉

越南河粉亦称为"檬粉"，洁白透亮，是越南最受欢迎的粉类食品，与中国的河粉比较接近。越式河粉的汤由肉类、香料经过长时间的炖煮而成。加入牛肉的被称为"牛肉河粉"，加入鸡肉的被称为"鸡肉河粉"。食用时，可以同时加入自己喜欢的香草和豆芽等。近年来，由于都市生活方式的变化以及人们生活节奏的加快，人们对河粉的食用方式也产生了多样的变化，如以越式河粉为主的快餐连锁店的出现，以及杯面、方便面化的越式河粉也常见于市面。河粉可制成汤菜形式，亦可做炒制。

实 训 六　越 南 河 粉

目的：熟悉并制作越南鸡肉河粉的制作方法。

要求：掌握制作方法，烹调火候的控制。

原料：河粉 200 克，鸡丝 50 克，鸡汤 150 克，豆芽 30 克，葱花，姜，盐，胡椒少许。

学时：1 学时。

工具：盘子、塑料切板、汤匙、厨刀。

步骤：

（1）鸡肉放入加有姜葱盐的汤中都至成熟，切成细丝备用。

（2）河粉入沸水氽烫数十秒捞出与豆芽同放入锅内。

（3）将鸡丝放在河粉上面，盐、胡椒，用鸡汤调味。

注意事项：河粉要求有弹性，小火保持微滚状态煮制。

菜肴照片见图 6.16（a~c）。

a　　　　　　　　　　　b　　　　　　　　　　　c

图6.16

七、越南香茅炸鸡

本菜特色在于腌制鸡肉用的香茅，香茅是越南菜里最常用到的一种调味的佐料，香茅本身带有一股浓郁的花香，而鸡肉用香茅腌制后再烹调，使得香味完全"逼"入肉质，咀嚼之间口舌生香。

实 训 七　香 茅 炸 鸡

147

目的：掌握掌握香茅炸鸡的腌制方法、装饰风格特色。

要求：掌握常用越南调味料的运用。

原料：鸡前腿肉 2 只，香茅 8 克，柠檬 1 个，太白粉 10 克，盐 2 克，大蒜碎 5 克，米酒 5 克，分葱碎 8 克，姜 2 克。

沾酱：鱼露1大匙，辣椒1条。

学时：1学时。

工具：切刀、不锈钢盆、小刀、塑料切板、菜盘、台秤。

步骤：

（1）鸡腿去骨切薄片备用。

（2）香茅碎、柠檬汁、蒜碎、米酒、盐、分葱碎、姜调成腌汁。

（3）将鸡片放入腌内腌制40分钟（图6.17a）。

（4）鸡片沾太白粉炸至成熟即可（图6.17b）。

（5）装盘。沾酱以辣椒加鱼露调制沾食（图6.17c）。

注意事项：鸡肉可切片或块，但应注意大小与厚度，不要太大，否则不易成熟。

a   b   c

图6.17

第七章

印尼菜制作

第一节　印尼菜概述

印尼菜全称应该是印度尼西亚菜。有着"千岛之国"的印度尼西亚地处热带雨林，温度高，雨水多、风力小，湿度大。独特的气候条件，造成印尼土壤肥沃，植物茂盛，蔬菜种类繁多，甚至温带地区产的蔬菜亦有栽种。热带水果应有尽有；香料更是世界的主要出口国。长长的海岸线，又为它提供了丰富的海产品。

印尼人的主食为米为主，肉类、家禽、海产品以及各种蔬果为主要副食品。

印尼菜烹调方法多用煎、炸、炒、炭烤，蒸和炖较少。

菜肴方面主要有咖啡菜、巴东菜和娘惹菜等。虽然各种菜式不同，但几乎都离不开石栗、黑栗、椰子、辣椒、花生、虾酱、啊参果和各种香料及葱蒜等，而辣椒几乎是每一道菜不可缺少的。咖喱及各种香料香草和椰奶都是常有的材料，印尼人甚至还用到当地的药材原料。味道以辛辣和带淡椰香为特色，以沙哆为著名。糕点则色彩斑斓，味道香甜。

印尼当地产的各种热带水果，如有"水果之王"之称的榴梿，有"水果之后"之称的山竹以及芒果、红毛丹、杜古、蛇皮果、木瓜、人心果、牛心果、香蕉、菠萝、番荔枝、鳄梨、柚、橙等。

一、印尼菜的历史

印度尼西亚菜的饮食文化形成和它的历史文化发展有很大的关系。

大约在公元 16 世纪的时候葡萄牙人曾经来到印度尼西亚，对当地的土著人有过短暂的统治和影响。后来 16 世纪又被荷兰人殖民统治了 300 多年。大约是在中国的明朝时候，许多中国人开始被卖"猪仔"漂洋过海到印尼谋生，成为当地的南洋华侨。因此印度尼西亚的饮食文化不可避免的被葡萄牙、荷兰、中国饮食所影响，在其土著原始饮食文化和当地物产的融合下逐步发展成为今天的印度尼西亚菜。但是荷兰的饮食文化属于欧洲，其菜肴较高档，因此对印尼普通大众的饮食文化影响不算太大。与荷兰饮食文化相比，中国的饮食文化对印尼的影响要大得多。

现在的印度尼西亚是一个多民族、多宗教的国家。世界三大宗教伊斯兰教、基督教和佛教在这里都有较多的信奉者，民间还盛行拜物教。由于其历史上曾受到印度、中国、阿拉伯等多种文化的影响，加之大小岛屿分布范围较广，居民交流不便，印尼各地文化、习俗差异较大，种类繁多。

印尼人大都信伊斯兰教，他们不吃猪肉，而是以牛羊肉为主。巴厘人正相反，他们信印度教，不食牛肉，而以吃鸡肉、猪肉为主。

以爪哇、婆罗洲岛为中心，如同马可波罗所记载的世间的香辛料皆由爪哇岛所取得，使用肉、椰奶，浓稠是其主要特征。姜、蒜、辣椒、胡椒、黄姜等香辛料更不可缺少。各种酱料也是印尼菜的精髓之一，颜色深而质稠，看起来可能不太上眼，但吃起来却浓香可口，搭配牛肉、海鲜都极为出色。

二、印尼菜的发展状况

印度尼西亚位于亚洲东南部，地跨赤道。与巴布亚新几内亚、东帝汶、马来西亚接壤；与泰国、新加坡、菲律宾、澳大利亚等国隔海相望。是世界上最大的群岛国家。由于地区广阔民族众多，所在不同岛屿和区域的人们的品味也各不相同。随着东南亚旅游时尚的兴起，印尼风味的食肴也逐渐为世界各国人民所青睐。

印度尼西亚也是旅游的天堂，更是美食的天堂。印尼是多元的人文民俗和丰富的文化艺术的国家，是个有自己特色和殖民文化影响的国家。具有典型的热带海洋气候，丰富的海洋产品以及迷人的热带水果为各种美食的诞生提供了很好的条件。印尼的菜一般是咖喱风味，微辣微甜，炒饭、炒面较多。味重而少油，多样的水果加入菜中提供了丰富的口味与营养维生素，使印尼菜的营养价值很高。

印度尼西亚有 100 多个民族，具有民族特色和地方风味的各色菜肴小吃数不胜数，其中最有名的要属巴东菜，起源于西苏门答腊省省会巴东的巴东菜口味火辣、上菜迅速，不仅在印尼流行，甚至也成了印尼菜在海外的代名词。

巴东菜的另一个独特之处是它的吃法——用手抓着吃。传统正宗的吃法是，客人在入座前先洗净双手，服务员便走马灯似的将装有各种菜肴的盘子或是碗摆满一桌，客人在面前摊开一张芭蕉叶，用右手随意挑选，再用右手进食。另外，每位顾客前面都备有一碗清水，用于洗手。

在吃巴东菜时，千万不能用左手来拿，因为巴东人很多信奉伊斯兰教，他们历来视左手为不洁，所以吃东西的时候不能用左手。

 相关知识

巴东菜没菜谱，只要客人一坐下，服务员就端上好几个甚至是十几个盘子，一直把桌子摆满。不用担心，客人不必为这些菜全部付钱，喜欢吃什么就吃什么，不吃的放在一边，吃完也行，吃不完也可以，饭后服务员过来算总账。不必担心自己忘了吃什么，也不用问价钱，服务员只数吃空的盘子算账。这种吃法也是巴东人豪爽好客的性格决定的，他们认为应该用最好的食品招待客人，如果等着客人要吃的才上菜，那是失礼的行为。所以不等客人说话，一下子就摆满一桌子的菜，让客人尽情享受。客人也不用担心会"挨宰"，巴东菜之所以能够声名远播，在经济实惠、丰俭由人和童叟无欺这三点上有口皆碑。

第二节　主要流派及菜肴特点

一、印尼菜主要流派

（1）苏门答腊岛地区：喜欢辛辣。在浓浓的椰子酱里加上辣椒调味，而且喜欢选用牛肉和牛的内脏做食材。

（2）西爪哇岛地区：喜欢酸辣。多用酸辣调味料，酸辣汤是一大特色。

（3）中爪哇省：喜欢甜辣。习惯以虾酱佐餐。

（4）北苏拉威西省：喜欢将各式鱼类做成烩饭。

和东南亚其他国家相似，印尼菜中也大量使用咖喱。不过印尼咖喱重香味而不重辣味，辣椒一般会放在餐桌上让客人自己添加。印尼咖喱的组成香料非常多，比如丁香、肉桂、茴香、小茴香子、豆蔻、胡荽子、芥末子、胡罗巴、黑胡椒、辣椒以及用来上色的姜黄粉等均属之；这些香料均各自拥有独特袭人的香气与味道，有的辛辣、有的芳香，交融在一起，不管是搭配肉类、海鲜或蔬菜，每每合而绽放出似是冲突又彼此协调的多样层次与口感，是为咖喱最令人为之迷醉倾倒的所在。

二、印尼菜的特点

印度尼西亚菜肴的特点：口味较重，以香辣闻名，味道香浓。主要有咖喱味、辣椒味、椰香味，又辣又香，既刺激又香润，色泽鲜明，香料与水果、蔬菜的搭配使菜肴色泽艳丽，口味复合多变。

虽然各种菜式不同，但用料几乎都离不开椰子、辣椒、棕树糖、虾酱、花生、石栗子、阿参酸果以及各种浓烈的香料和葱蒜等，而辣椒更是每一道印尼菜所不可缺少的。

因为天气热，加上每一菜式都离不开辣椒，故印尼人不需要像中国人进食时那样把饭菜保持温热；相反，他们无论煮熟了什么东西，都要摆凉了才吃，且喜欢边吃边饮冷冻水。冷、凉、冻是他们的饮食习惯，据说这样才不致因吃太多辛辣的食物而上火。

 相关知识

印度尼西亚四大名酱如下。

沙嗲酱：以花生酱为主的酱料加入了多种香料，口感细腻浓香，是印尼人的大众酱料。当加入一些辣油后可以当作沙拉酱使用。

甜辣酱：这种酱是与印尼黑汤搭配的，虽然颜色鲜红，但辣味柔和并带有一丝甜味，它是由辣酱与番茄酱再加一些印尼香料制作而成。

酸甜辣酱：蒜汁、辣酱、米醋等调料按照合理的比例混合，与甜味辣酱相比，它的辣味更加浓烈，但辣劲儿过后的酸甜口感令人回味不绝。

炸鱼酱：这种酱料颜色较深，吃炸鱼时蘸上一些，咸鲜的口味更能突出鱼肉的细嫩鲜香。

第三节　印尼菜原料介绍

印尼菜原料主要有以下几种：

（1）大茴香。原产中东，有一种甘草的香味，印尼人喜欢由于汤菜和炖菜中；此外，大茴香可用于鱼和贝类。茴香有大茴香、小茴香两种，前者属木兰科，后者属伞形科（图 7.1）。

（2）肉豆蔻。常用于甜点，如番瓜派，也用于鸡尾酒、土豆泥、意面、炖肉中（图 7.2）。

（3）姜黄。香料的一种跟姜味道很像，在东南亚菜的料理中常用（图 7.3）。

图7.1　　　　　　　　　　图7.2　　　　　　　　　　图7.3

（4）月桂叶。有新鲜、干的两种，有淡淡的清香（图 7.4）。

（5）辣椒。辣椒有绿色、红色、橘色、黄色等不同颜色。味辛辣。干辣椒有粗碎、片状、粉末状等。具有去腥杀菌的作用（图 7.5）。

（6）杜松子。多用于腌泡汁、烤猪肉、泡甘蓝菜等，亦广泛使用于野味肉类禽类、香肠、汤品中（图 7.6）。

（7）沙嗲酱。在广东地区也有叫沙茶酱。以花生酱为主的酱料加入了多种香料，口感细腻浓香，是印尼人的大众酱料。当加入一些辣油后可以当作沙拉酱使用（图 7.7～图 7.9）。

图7.4　　　　　　　　图7.5　　　　　　　　图 7.6

图7.7　　　　　　　　图7.8　　　　　　　　图7.9

（8）甜味辣酱。这种酱是与印尼黑汤搭配的，虽然颜色鲜红，但辣味柔和并带有一丝甜味，它是由辣酱与番茄酱再加一些印尼香料制作而成（图 7.10）。

（9）虾膏（图 7.11）。

图7.10

图7.11

（10）ABC 辣椒酱。ABC 辣椒番茄酱主要成分由新鲜番茄、食用醋、糖和多种香料配制而成，是酸甜和火辣的完美组合（图 7.12）。

（11）大豆甜酱油（图 7.13）。

（12）印尼虾片。常用于小吃或菜肴装饰（图 7.14）。

（13）椰浆。是一种很甜的奶白色的烹饪原料，是从成熟的椰子的椰肉中榨出来的奶白色液体，而区别于椰子中原有的半透明香甜味液体（椰汁）。椰浆是东南亚南亚国家重要的食品调味料（图 7.15）。

（14）巴东酱（图 7.16）。

（15）肉骨茶调料（图 7.17）。

图7.12   图7.13   图7.14

图7.15   图7.16   图7.17

第四节 印尼菜肴制作

一、印尼炒饭

做印尼炒饭原料是提前准备好的米饭、鸡丁或虾仁等，还有酱油、蒜、洋葱。通常配煎蛋、蔬菜，再有虾片、沙嗲肉串。

印尼炒饭可以一天当中任何一个时间来食用，很多印尼人、马来人和新加坡人在早餐时食用。可选用前一天余下的饭来做这道菜。用来做印尼炒饭的米饭通常提前做出来，然后米饭自然冷却。这样在炒饭的时候才不会水分太多，不易黏。这也是米饭为什么要在前一天做的一个原因。

实训一　印尼炒饭

目的：了解印尼炒饭的烹调方法。

要求：熟悉印尼炒饭的制作工艺。

原料：蒜碎4克，姜碎2克，洋葱碎5克，桑巴酱（sambal oelek）20克，虾膏5克，甜酱油4克，鸡熟鸡肉丁20克，虾仁10克，熟青豆15克，米饭200克，煎蛋1个，虾片3片，麻油5克。

学时：1学时。

工具：切刀、不锈钢盆、小刀、塑料切板、盘子、台秤、煎蛋圈，平底锅。

步骤：

（1）锅内放油加蒜、姜、葱，炒香。

（2）再加入麻油，桑巴酱炒片刻，加米饭与鸡丁，虾仁炒匀调味。

（3）装盘，配煎蛋、虾片和沙哆串。

注意事项：米饭最好提前做好。炒饭时中小火炒制，桑巴酱易糊。

菜肴照片见图7.18（a~c）。

a　　　　　　　　　　　b　　　　　　　　　　　c

图7.18

二、印尼巴东牛肉

　　巴东牛肉起源于印尼米南加保族，现遍及全国各大城市。在米南加保族，这道菜通常用来招待比较尊贵的客人，而且这道菜在马来西亚和新加坡也很受欢迎。马来西亚人在每逢节日时习惯享用巴东牛肉。在马来西亚巴东牛肉通常被说成是咖喱，这个名字也应用的咖啡肉类菜里面，但实际上巴东牛肉并不像咖喱。

　　这道巴东牛肉仅调料就用了近10种：印尼青橘子、香叶、香茅、橘子叶、南姜、洋葱、辣椒、咖喱等。巴东牛肉是用牛肉（偶尔用鸡肉、羊肉、水牛肉、鸭肉或榴梿）在椰奶里面加香辛料长时间炖至汁干肉香软即成。上盘的巴东牛肉因为辣椒酱的缘故热情如火，入口仍然保持一样的热情火辣，而牛肉很嫩，多种香料糅合在牛肉之中形成独有的香味。

巴东牛肉有两种：一种是干的，一种是有汁水的。

实训二　巴东牛肉

目的：了解牛肉的基础加工和烹调方法。

要求：熟悉巴东牛肉的初加工方法和菜肴制作工艺。

原料：牛里脊 250 克，芋头 60 克，南姜碎 15 克，红椒干 20 克，花生米 15 克，青豆 30 克，洋葱 20 克。

鱼露 2 克，椰奶 500 克，虾膏 4 克，咖喱粉 4 克，高汤 500 克，食用油 30 克。

学时：1 学时。

工具：切刀、不锈钢盆、小刀、塑料切板、盘子、台秤、量杯。

步骤：

（1）牛肉去筋，整形后切大片，用鱼露少许油腌制。

（2）牛肉与南姜、蒜、红椒干炒香后，加高汤、椰奶、咖喱粉、虾膏同烩至牛肉香软汁收将尽。

（3）装盘，表面撒花生米即可。

注意事项：牛肉切厚片，防止烩制时破烂。此菜通常配米饭、米糕或竹筒饭。

菜肴图片见图 7.19（a、b）。

a　　　　　　　　　　b

图7.19

三、印尼沙嗲肉串

沙嗲肉串即南洋风味的烤肉串。将腌好的牛、羊肉、鸡肉等串成肉串，经适度的火候炭烤或油炸，蘸一层沙嗲酱即可食用。

沙嗲酱由花生酱、椰浆、幼虾等调制而成。

实训三　沙嗲肉串

目的：掌握菜肴制作方法和茄子的烤制时间与去皮方法。

要求：熟悉日本料理装盘风格和特色，掌握汁的制作方法。

原料：花生酱 50 克，酱油 20 克，1 个柠檬取汁，15 克红糖，蒜 2 瓣，鸡胸 4 个，咖喱粉 5 克，沙嗲酱 30 克，黄瓜 50 克，洋葱 20 克，米饭 50 克，竹签 10 根。

学时：1 学时。

工具：切刀、不锈钢盆、小刀、塑料切板、盘子、烤架。

步骤：

（1）在一盆中放花生酱、酱油、柠檬汁、红糖、蒜加咖喱粉、鸡肉块腌制 4 小时。

（2）预热烤架。

（3）鸡肉块用竹签串好。

（4）将肉串在烤架上烤熟。

（5）装盘，淋上沙嗲酱，配上米饭、黄瓜、洋葱等。

注意事项：肉串不要串得太紧。酱油咸且色深，腌制的时候千万注意。

菜肴照片见图 7.20（a、b）。

a   b

图7.20

四、印尼加多加多

加多加多是一道世界闻名的菜肴。味道辛辣，风味独特。它通常由各种蔬菜组成，配以花生酱沙司，可视为典型的印尼沙拉。

常见的材料是将圆莲白切丝，豆芽、长豆角切段，豆腐切小块，炸虾片、水煮鸡蛋切片与黄瓜片共同搭配垫底，里面还通常添加印尼的炸豆酵饼。

实训四　印尼加多加多

目的：了解加多加多的原料构成及味型的调制。

要求：熟悉菜肴装饰的技巧和色彩搭配的方法。

原料：莲白丝 50 克，煮熟的豆芽 20 克，生菜 150 克，番茄角 20 克，黄瓜 10 克，分葱碎 5 克，炸豆腐 20 克，豆酵饼 10 克，虾片 2 片，长豆角 20 克。

辣椒酱：小红辣椒 100 克，糖 20 克，盐 4 克。

少司酱料：炸蒜 2 瓣。炸花生或花生酱 300 克，干辣椒 30 克，虾酱 5 克，黏米粉 4 克，椰奶 1000 克。

学时：1 学时。

工具：切刀、不锈钢盆、切菜板、沙拉盘、少司盆。

步骤：

（1）制作辣椒酱：将辣椒用水略煮，将余下原料一起在搅拌机内打匀。

（2）做少司：花生或花生酱、一半的椰奶、糖、虾酱、红辣椒、蒜在搅拌机内搅匀。另置锅将混合物与另一半椰奶一起上火煮开至少司减半，表面出油，加黏米水粉增稠。备用。

（3）在盘中放蔬菜原料，撒炸过的分葱碎，淋少司与辣酱，配虾片。

注意事项：随着地区不同、季节不同，制作加多加多的蔬菜品种也会有所不同，地瓜叶、土豆、长豆角、卷心菜、米糕等也都是加多加多常用的材料，不变的只是八彩七色。如不习惯辣椒酱可不淋此酱料。如过稠可中途加水稀释。

菜肴照片见图 7.21（a~c）。

| a | b | c |

图7.21

五、印尼辣椒鸡

辣椒几乎是每道菜不可缺少的原料，印尼辣椒鸡这道菜中以辣味见长，采用快火急炒的方式来烹调。印尼人无论烹调什么菜品一般都要凉一下再来食用，据说这样才不易上火。

实训五　印尼辣椒鸡

目的：了解整鸡的下料方法与菜肴的加工。

要求：熟悉菜肴装饰的技巧和制作的方法。

原料：仔鸡 1 只，辣椒油 30 克，印尼辣椒膏 40 克，红咖喱 20 克，洋葱，椰丝 30 克，鱼露 5 克，蒜片 5 克，青红尖椒各 40 克。

学时：1学时。

工具：切刀、不锈钢盆、切菜板、盘子。

步骤：

（1）鸡肉去骨头，切大块，用鱼露略腌。

（2）锅内置油烧热加洋葱，蒜片炒香，再加入鸡块继续炒制上色。

（3）锅内加入辣椒油，辣椒酱，红咖喱略炒，最后加青红尖椒块炒熟即可。

注意事项：印尼辣椒酱非常辛辣，注意用量，此菜可略放凉再食用，味道更加地道。

菜肴照片见图7.22（a、b）。

a   b

图7.22

主要参考文献

http://korea.bytravel.cn/Scenery/332/hglyms.html

http://chinese.visitkorea.or.kr/chs/index.kto

http://www.hudong.com/wiki/%E6%B3%B0%E5%9B%BD%E8%8F%9C

http://as.bytravel.cn/art/ynw/ynwhdzyts/

http://www.nn2004.com/ArticleShow.aspx?ID=46128

http://www.tripc.net/news/news_info/132157_5/

http://peterpan72.blogbus.com/logs/65188430.html

http://www.jpcook.com/yswhss.htm